AF501164

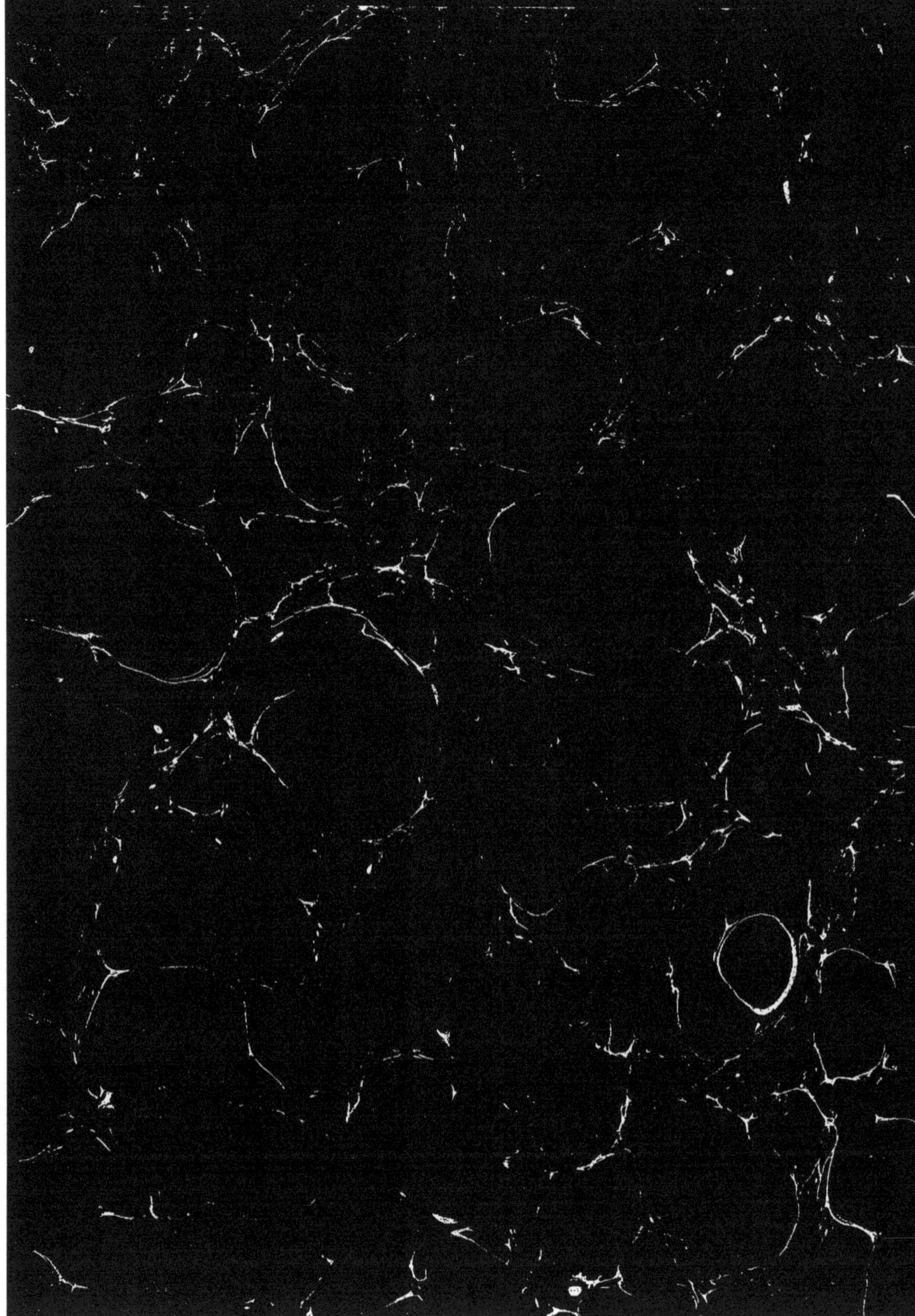

V

DE L'HUMIDITÉ

DANS

LES CONSTRUCTIONS.

IMPRIMERIE DE Mme Ve BOUCHARD-HUZARD,
rue de l'Eperon, 7.

INSTRUCTION

SUR LES

MOYENS DE PRÉVENIR OU DE FAIRE CESSER

LES

EFFETS DE L'HUMIDITÉ

DANS LES BATIMENTS;

PAR M. L. VAUDOYER,

architecte du gouvernement.

Mémoire qui a obtenu le premier prix dans le concours ouvert par la Société d'encouragement pour l'industrie nationale.

PARIS,

CARILIAN-GOEURY ET Vᵉ DALMONT,

ÉDITEURS, LIBRAIRES DES CORPS ROYAUX DES PONTS ET CHAUSSÉES ET DES MINES,

quai des Augustins, nᵒˢ 34 et 41.

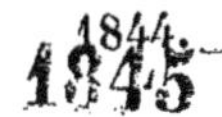
1845

PROGRAMME

DES

PRIX PROPOSÉS PAR LA SOCIÉTÉ D'ENCOURAGEMENT

POUR

DES MOYENS DE PRÉVENIR OU DE FAIRE CESSER

LES EFFETS DE L'HUMIDITÉ

DANS LES CONSTRUCTIONS.

On sait combien sont graves, pour nos habitations en général, et surtout pour leurs parties inférieures, les inconvénients de l'humidité; et, par conséquent, on ne saurait trop désirer qu'on s'occupât, d'une manière plus générale, plus complète et plus suivie qu'on ne l'a fait jusqu'ici, des moyens, soit de prévenir, soit de faire cesser ces inconvénients.

Divers moyens ont déjà été proposés et même employés avec plus ou moins de succès, et plusieurs sont dus aux travaux et aux recherches de savants, membres de la Société; mais, en général, ce sont moins des préservatifs que des palliatifs, et ils ne peuvent guère s'appliquer, avec un succès non douteux, que dans quelques cas particuliers.

Dans ces circonstances et en raison de l'immense intérêt que procurerait la solution des différentes questions qui se rapportent à ce sujet, soit pour la conservation des constructions mêmes, ainsi que du mobilier des habitations, soit pour l'agrément et la santé des habitants, la Société d'encouragement croit d'abord devoir provoquer la rédaction d'une *Instruction théorique et pratique*, 1° *sur les diverses causes de l'humidité, et de ses inconvénients quant aux constructions en général et aux habitations;* 2° *sur les différents moyens, soit de prévenir ces inconvénients lors de l'exécution même des constructions, soit de les faire cesser ou de s'en préserver dans les constructions existantes.*

Cette instruction, claire, méthodique et aussi concise que possible, devra néanmoins embrasser tous les cas généraux et particuliers qui sont le plus susceptibles de se présenter, soit dans les constructions urbaines, soit dans des constructions rurales; dans les habitations de la classe peu aisée, ainsi que les paysans, non moins que dans celles de la classe riche; et, enfin, dans les circonstances diverses qui peuvent résulter, ou de la manière dont les constructions peuvent être situées, ou du climat et de la température mêmes.

On ne devra pas manquer d'y comprendre les circonstances particulières aux divers genres de constructions industrielles.

Tout en se fondant sur les principes posés par la science, cette instruction devra s'appuyer, en outre, sur des faits *pratiques* bien constatés, et, toutes les fois qu'il sera possible, sur des expériences spéciales non susceptibles d'être contestées, et qu'il soit facile de vérifier : enfin, surtout, elle devra rester à la portée de tout le monde, notamment des ouvriers constructeurs et des personnes peu instruites.

Dans l'indication des diverses causes d'humidité et des différents moyens d'en prévenir les inconvénients, on devra envisager principalement 1° la nature diverse des sols sur lesquels les constructions peuvent être établies; 2° la disposition des constructions mêmes, soit quant à la hauteur des sols intérieurs par rapport aux sols extérieurs, soit quant à l'établissement des courants d'air nécessaires pour assainir et assécher ces constructions et les localités intérieures; 3° le choix des matériaux employés à l'exécution des constructions, et particulièrement des fondations et des parties qui reposent immédiatement sur le sol; 4° les précautions à prendre dans l'emploi de ces matériaux; 5° enfin les données à l'aide desquelles on pourrait éviter les dangers que présente l'habitation dans des constructions trop récemment exécutées, ou hâter, sans inconvénient pour les constructions mêmes, l'évaporation de l'humidité dont ces dangers proviennent.

On devra, en outre, ne pas négliger de donner des renseignements au moins généraux sur la dépense qu'occasionneraient les dispositions ou les procédés indiqués.

Dans l'étude des moyens de préserver de l'humidité les constructions existantes, on devra s'attacher à ce que ces moyens ne soient pas susceptibles de nuire, sous d'autres rapports, à la salubrité ou même à l'agrément des habitations, soit par l'odeur qu'ils y répandraient, soit en s'opposant à l'exécution des boiseries, peintures ou tentures dont on voudrait les décorer, etc.

On devra, en outre, chercher à éviter, s'il est possible, l'inconvénient qui a été reconnu inhérent à la plupart des moyens qui ont été indiqués jusqu'ici, et qui consiste en ce que ces moyens, au lieu de détruire ou, au moins, neutraliser l'humidité, ne font que l'éloigner d'un point pour la reporter sur un autre.

Les mémoires, manuscrits ou imprimés, devront être adressés avant le 31 décembre 1841. . . . .

La Société accueillera, en outre, avec satisfaction la communication de toute *matière première ou fabriquée* ou de tout *procédé* dont l'emploi pourrait être jugé susceptible, soit de prévenir, soit de faire disparaître les inconvénients de l'humidité, ou d'une manière générale, ou dans tel ou tel cas particulier.

Cette communication devra être accompagnée d'abord de renseignements aussi authentiques que possible sur l'emploi qui aura pu déjà être fait de ces matières ou procédés, sur les résultats qui en auraient été obtenus, sur le temps depuis lequel cet emploi a eu lieu, sur la dépense qu'il occasionne, etc.

Elle devra, en outre, être de nature à mettre la Société à même de faire faire par ses commissaires, et, s'il y a lieu, avec le concours des auteurs des procédés, tels essais et expériences qui seraient jugés nécessaires.

A cet effet, les communications de cette nature devront également être adressées à la Société avant le 31 décembre 1841. . . . .

INSTRUCTION THÉORIQUE ET PRATIQUE

1° SUR LES DIVERSES CAUSES DE L'HUMIDITÉ ET DE SES INCONVÉNIENTS QUANT AUX CONSTRUCTIONS EN GÉNÉRAL ET AUX HABITATIONS;

2° SUR LES DIFFÉRENTS MOYENS SOIT DE PRÉVENIR CES INCONVÉNIENTS LORS DE L'EXÉCUTION DES CONSTRUCTIONS, SOIT DE LES FAIRE CESSER ET DE S'EN PRÉSERVER DANS LES CONSTRUCTIONS EXISTANTES (1);

PAR M. LÉON VAUDOYER,

architecte du gouvernement (2).

Des différentes causes de l'humidité dans les constructions.

L'humidité qui se produit dans les constructions est due à diverses causes; elle se manifeste de plusieurs manières dans la partie inférieure des bâtiments. Dans les rez-de-chaussée, l'humidité pénètre soit par les murs mêmes, soit par le sol.

Les murs dont se composent les constructions sont de deux espèces : les murs de face, c'est-à-dire ceux qui déterminent le périmètre extérieur d'un bâtiment, et les murs de refend, qui, compris entre les premiers, servent à former les divisions principales dont se compose l'ensemble des distributions intérieures.

On voit, d'après cela, que les murs de face ont nécessairement une de leurs parois exposée à l'extérieur, que, de plus, ils ont, comme toutes les constructions, leur base sur le sol naturel, et que, en outre, ils sont en contact direct avec ce même sol dans la hauteur de leur fondation et dans la hauteur des caves ou d'un étage souterrain, s'il y en a; seulement, dans ce dernier cas, le contact n'a lieu que d'un seul côté.

Les conditions dans lesquelles se trouvent les murs de refend sont toutes différentes; car, s'il y a des caves, ils ne se trouveront en contact direct avec le sol que par leur base, et, au-dessus du niveau du sol intérieur, leurs parois seront à l'abri de toute influence extérieure de l'atmosphère. Examinons selon quelles lois l'humidité s'introduit dans ces deux espèces de murs.

D'après les lois physiques, l'humidité du sol tendant constamment à pénétrer, n'importe dans quelle direction, les corps hygrométriques qu'elle rencontre, il en résulte que les murs des bâtiments emprunteront au sol une certaine dose d'humidité par tous les points où ils se trouveront en contact direct avec lui; c'est-à-dire, s'il y a des caves, les murs de face, par leur base et par une de leurs parois, et les murs de refend, par leur base seulement. S'il n'y avait pas de caves, les murs de refend et les murs de face se trouveraient exactement dans la même situation à l'égard de leur partie située au-dessous du niveau extérieur du sol.

(1) Extrait des *Bulletins* de la Société d'encouragement de mars, avril, mai et septembre.

(2) Le conseil d'administration de la Société d'encouragement, dans sa séance du 24 janvier dernier, a décerné à l'auteur de ce mémoire le premier prix de 2,000 fr. proposé pour une instruction théorique et pratique sur les moyens de prévenir ou de faire cesser les effets de l'humidité dans les constructions.

Mais sont-ce là les seules causes de l'humidité qu'on signale ordinairement dans les parties inférieures des bâtiments? certainement non, et il est facile de démontrer que, pour les murs de face, il en est d'autres qui, pour être moins constantes, n'en sont pas moins très-directes; nous voulons parler de l'eau de la pluie que le vent chasse sur les parois des murailles, dont le pied se trouve ainsi mouillé, tant par l'eau qui frappe directement sur la surface du mur que par celle qui rejaillit sur le sol, ou par celle encore qui descend le long de la façade. Pour peu qu'on suppose un bâtiment ayant un comble dépourvu de chêneau, l'on imaginera facilement le surcroît d'humidité que procureront, dans le bas des murs de face, les égouttures de ce comble.

Ainsi donc nous pouvons considérer désormais comme suffisamment établi que, dans les constructions telles qu'on les fait généralement, l'humidité pénètre dans la partie inférieure des bâtiments, 1° par le pied des murs ; 2° par les parois de ces murs en contact direct avec le sol ; 3° par les surfaces extérieures de ces murs exposées à la pluie et à l'humidité de l'atmosphère. Il est bien entendu que l'influence de ces causes diverses s'exerce en raison de la nature du sol, du climat dans lequel les bâtiments se trouvent situés, de leur orientation, de la nature des matériaux employés dans la construction, des différents modes de construire, et enfin de toutes les conditions particulières dans lesquelles les bâtiments en question peuvent se trouver placés.

Outre l'humidité qui pénètre dans les murs par les voies que nous venons d'indiquer, nous devons signaler celle qui se manifeste à la surface même du sol intérieur des rez-de-chaussée, et expliquer de quelle manière elle peut y parvenir.

Si le sol intérieur d'un bâtiment est établi, soit à l'aide d'un dallage quelconque ou même d'un carrelage, ou d'un plancher directement sur le sol naturel, il est certain que le terre-plein sur lequel repose ce sol factice, contenant, d'une part, son humidité propre, et, de l'autre, celle qui y pénétrera tant à travers les murs que par-dessous les fondations de ces mêmes murs, il existera ainsi une humidité constante, dans toute l'étendue du rez-de-chaussée, susceptible d'exercer son influence sur les dalles, carreaux ou parquets qui se trouveront en contact direct avec la surface du sol. On a souvent pensé que, pour diminuer cette influence, il suffisait d'élever le sol intérieur des rez-de-chaussée à une certaine hauteur au-dessus du sol extérieur ; mais ce moyen ne saurait avoir l'efficacité qu'on s'en promet qu'autant qu'on pratiquera ou des caves, ou un isolement au-dessous du sol, car on pourra trouver ainsi le moyen d'aérer facilement ; et la partie inférieure des murs de face, les plus exposés à l'action de la pluie, se trouvant, par cette disposition, en contre-bas du sol intérieur, ils ne pourront plus transmettre au dedans du bâtiment l'humidité qui pénétrera leurs parois extérieures. Nous verrons plus loin que ces dispositions sont d'ailleurs insuffisantes, et nous nous contenterons, pour le moment, d'établir 1° que, si l'on n'a pas recours à des précautions particulières, le sol du rez-de-chaussée d'un bâtiment quelconque, établi au niveau même du sol extérieur et directement sur ce sol, lui empruntera une humidité constante ; 2° que si le niveau du sol intérieur est plus élevé que celui du sol extérieur, mais qu'il soit de même établi directement sur le terre-plein compris entre les murs du bâtiment, il conservera, à très-peu de chose près, les mêmes chances d'humidité que dans le premier cas, étant supposé d'ailleurs dans des conditions analogues; 3° que ces chances seront très-notablement diminuées si le sol intérieur est établi au-dessus de caves; 4° enfin qu'elles seront encore moindres, sans être toutefois entièrement annulées, si ce sol est à la fois sur cave et élevé à une certaine hauteur au-dessus du sol extérieur.

Quant aux causes auxquelles devront être attribués ces différents résultats, elles nous paraissent trop faciles à déduire pour qu'il soit nécessaire d'entrer dans plus de détails à ce sujet. Nous ajouterons seulement que ces causes dépendent des conditions particulières dans lesquelles les bâtiments peuvent se trouver, et que nous nous contenterons de spécifier d'une manière générale.

Parmi les diverses causes qui influent sur la proportion dans laquelle l'humidité progresse dans les rez-de-chaussée, il faut mettre en première ligne celles qui résultent de la nature même du sol sur lequel les constructions sont établies.

On conçoit, de plus, que la nappe d'eau peut se rencontrer à une plus ou moins grande profondeur de la surface du sol, qu'un bâtiment se trouvera plus ou moins rapproché d'un fleuve et exposé à la crue des eaux; que les sols sont de différentes nature, comme les rochers, les craies, les glaises, les terrains sablonneux, etc., et que, par conséquent, ils peuvent être plus ou moins perméables ou plus ou moins accessibles à l'humidité.

Quant à l'influence du climat, elle est trop bien reconnue pour qu'il soit nécessaire de nous y arrêter; il en est de même des influences diverses qui résultent incontestablement de l'orientation des bâtiments; en examinant quatre façades situées dans des expositions différentes, on pourra reconnaître que celles exposées à l'ouest et au nord ont à subir une influence funeste de la température, tandis que, sur les autres, cette influence est bien moins nuisible, se trouvant d'ailleurs combattue par l'action salutaire du soleil (1). Parmi les conditions particulières qui peuvent influer sur la plus

---

(1) L'action salutaire du soleil doit être prise, selon nous, en grande considération; l'expérience le prouve; ainsi, par exemple, dans notre climat, quoique le vent du sud chasse la pluie sur les façades qui se trouvent à cette exposition, ce sont cependant celles qui ont le moins à souffrir de l'humidité et se détériorent le moins rapidement, tandis que celles exposées au nord, et qui n'ont à redouter que les pluies chassées par le vent du nord-ouest, ont bien plus à souffrir des variations de l'atmosphère; c'est donc principalement à l'action du soleil que ces effets doivent être attribués, car l'influence que peut exercer sur ces façades le vent du nord ou du nord-est nous semble très-secondaire. En Italie, quoiqu'il pleuve moins souvent, il tombe certainement une aussi grande quantité d'eau qu'en France, et cependant les constructions ont bien moins à redouter l'humidité, grâce à la chaleur du soleil qui, alternant avec les causes qui pourraient la produire, les rend presque nulles. C'est surtout la constance de l'humidité qui est nuisible. A Paris, il suffit d'examiner les façades des bâtiments situés au nord et de les comparer avec celles des édifices situés au midi, pour se convaincre de la différence notable qui existe entre eux.

En France, les façades placées dans les conditions les plus défavorables sont celles exposées à l'ouest, car elles reçoivent la pluie directement, et le soleil ne leur parvient que lorsque, rapproché de l'horizon, il a perdu sa force. Les façades, au contraire, exposées à l'est se trouvent dans les conditions les

ou moins grande facilité avec laquelle l'humidité pénétrera dans le sol avoisinant les bâtiments, il faut en mentionner une qui est, sans contredit, la moins équivoque ; c'est celle dans laquelle se trouvera un terrain pavé, comparé à un terrain qui ne le sera pas : ainsi, en songeant à la quantité d'eau que la pluie répand sur la surface du sol d'une ville, et pour l'écoulement de laquelle on est obligé de construire des égouts d'un immense développement, on se convaincra que cette quantité d'eau est en moins dans l'intérieur du sol ; rien n'est plus frappant que la différence qui existe entre l'humidité du terrain d'un jardin et celle du terrain d'une cour pavée ou dallée, et dont les pentes seront réglées pour faciliter l'écoulement des eaux ; on peut conséquemment en conclure que les constructions en contact avec l'un ou l'autre de ces terrains seront placées dans des conditions bien différentes, quant à l'humidité qu'elles peuvent leur emprunter. Pour ajouter encore une des situations particulières dans lesquelles les bâ-

---

plus avantageuses, car elles sont entièrement à l'abri de la pluie, et sont frappées, pendant une grande partie de la journée, par les rayons du soleil.

En admettant que les façades exposées au midi sont dans une condition plus favorable, il est bien entendu qu'il faut faire la part de l'altération que peuvent éprouver ces façades par suite du mauvais emploi ou de la mauvaise qualité des matériaux. Nous citerons comme exemple plusieurs parties de la galerie du Louvre, sur le quai, où certaines pierres se trouvent entièrement décomposées, tandis que les parties qui les avoisinent sont dans un état de conservation très-satisfaisant. Ce bâtiment est d'ailleurs resté dans les conditions les plus pernicieuses, puisque la partie qui avoisine le pied du mur n'est pas même pavée.

Pour les façades des bâtiments et plus particulièrement pour celles exposées au nord, outre les inconvénients que nous venons de signaler, il en est un autre bien reconnu maintenant, et auquel on n'est pas encore parvenu à remédier ; c'est une espèce d'araignée qui se loge dans les trous des pierres, et fait, autour de ces trous, une toile rayonnante et plate qui n'a pas moins de 15 à 20 centimètres de circonférence : ces toiles, qui, dans certaines natures de pierres, deviennent très-nombreuses, conservent la poussière qui s'y attache, et font autant de taches noires qui produisent l'effet le plus désagréable sur les façades des édifices, comme on peut en juger par les façades de la Monnaie, de l'Institut, etc. ; de plus, cette poussière, qui devient ainsi inhérente aux parois des murs, forme éponge, conserve l'humidité qu'elle reçoit de l'atmosphère et devient très-nuisible à leur conservation.

Nous pensons donc que les monuments ont besoin d'être entretenus, et qu'ils doivent être époussetés et brossés à certaines époques, tous les huit ou dix ans par exemple, et, de plus, il serait à désirer qu'à l'aide d'une préparation chimique appliquée sur les pierres, ils pussent être préservés des insectes dont nous venons de parler.

Lors de la restauration de vieux édifices, quand on désire rendre à la pierre sa couleur primitive, ou au moins faire disparaître les corps étrangers qui la dénaturent, on sait que ce résultat peut être facilement obtenu à l'aide d'un procédé de lavage très-connu, qui a été employé avec succès aux balustrades de la place de la Concorde, au collége de France, etc. En recommandant l'emploi de ce moyen, nous voulons nous élever contre le système de grattage, qui doit être proscrit 1° en ce qu'il altère la forme de l'architecture, et 2° en ce qu'il enlève à la pierre la croûte, la patine qui s'est formée par le temps sur sa surface et qui contribue à sa conservation.

Les observations que nous avons faites à l'égard des bâtiments exposés au midi ne sauraient être applicables aux constructions en pans de bois, auxquelles, au contraire, cette exposition est très-nuisible ; car le bois privé d'air, qui subit alternativement l'influence de l'humidité et de la grande chaleur, est sujet à se pourrir d'autant plus facilement.

timents peuvent se trouver placés, nous citerons celle par suite de laquelle un bâtiment élevé sur une déclivité se trouve adossé d'un côté à un terre-plein, et par conséquent dominé par un sol en pente, dont les eaux tendent à descendre vers la construction et à y entretenir l'humidité, si l'on n'a pas soin de prendre des précautions toutes particulières pour s'en garantir (*voyez* page 24).

Il peut encore se présenter, pour les constructions, une infinité de conditions particulières dont il nous semble que chacun peut se rendre compte, et que nous nous dispenserons d'énumérer, tant à cause de la difficulté qu'il y aurait de les prévoir toutes que pour ne pas nous étendre trop longuement sur ce point.

Maintenant que nous pensons avoir suffisamment démontré quelles sont les différentes causes de l'humidité, quelles sont les voies qu'elle suit pour atteindre et envahir les constructions, les conditions diverses et particulières qui peuvent influer sur la proportion dans laquelle son action se produit et s'exerce sur ces mêmes constructions, tant à l'intérieur qu'à l'extérieur, nous allons nous occuper d'en signaler les inconvénients et rechercher *quels seraient les moyens soit de les prévenir lors de l'exécution des constructions, soit de les faire cesser ou de s'en préserver dans les constructions existantes.*

Pour bien faire ressortir les inconvénients résultant de l'humidité qui pénètre dans les constructions, il importe d'établir d'abord que les obstacles qu'elle pourrait rencontrer dans la nature des matériaux sont loin d'être tels qu'on semble le supposer : car, hâtons-nous de le dire, les matériaux employés habituellement dans les constructions, bois, briques, moellons, pierre tendre, pierre calcaire, sans en excepter même le marbre et le granit, sont tous plus ou moins hygrométriques ; c'est-à-dire que, plongés dans l'eau ou maintenus dans une atmosphère humide, après les avoir préalablement pesés dans un état de dessiccation complète, il n'en est aucun qui, pesé de nouveau, ne donne un poids supérieur, résultant de la dose d'humidité qu'il aura absorbée (*voyez* page 46).

Ce n'est donc pas uniquement par l'emploi de telle ou telle pierre qu'on pourra combattre entièrement l'humidité, qui tend constamment à pénétrer les corps hygrométriques qu'elle rencontre ; car l'humidité que renferme le sol, à une certaine profondeur, tend incessamment à envahir les parties séchées momentanément par l'air atmosphérique ou le soleil ; c'est-à-dire que, quand l'humidité disparaît de la partie supérieure du sol, faute de pluie, elle tend constamment à y revenir des couches inférieures, par l'effet de la capillarité, comme l'humidité qui alimente les racines des arbres, et qui leur parvient souvent d'une très-grande profondeur ; mais pour rendre cet effet encore plus sensible, supposons une colonne monolithe de pierre, de granit même, si l'on veut, dont le pied sera baigné dans un bassin plein d'eau ; supposons, de plus, que la totalité de la colonne soit à l'abri du contact de l'air atmosphérique, qu'elle puisse être, par exemple, placée sous une cloche dans laquelle on aurait fait le vide, il est constant qu'au bout d'un certain temps l'humidité s'introduira dans le fût de cette colonne, qu'elle la pénétrera, s'élèvera sans cesse, et finira par gagner le sommet, en admettant toujours qu'aucune cause de dessiccation ne sera survenue (1).

Servons-nous encore de l'exemple de cette colonne pour démontrer que l'humidité n'abandonne jamais les corps qu'elle a envahis, et ne peut être absorbée que par l'action de l'air ou de la chaleur. Ainsi supposons que cette colonne, saturée d'humidité, soit, par un moyen quelconque, séchée dans sa partie supérieure, l'humidité disparaîtra dans les parties où l'air ou la chaleur qu'on aura fait agir l'auront atteinte de manière à l'absorber; mais l'humidité de la partie inférieure viendra bientôt envahir de nouveau la partie séchée aussitôt que les causes de l'absorption partielle auront cessé.

Nous concluons de là que l'humidité qui rencontre un corps hygrométrique le pénètre en tous sens d'une manière toujours croissante, si elle n'est combattue par une action susceptible de l'absorber.

Ainsi donc un mur construit en pierre, de n'importe quelle nature, pourra être pénétré par l'humidité qui existe dans le sol, et qui s'introduira dans toutes les directions, par tous les points où ce mur sera en contact direct avec le sol. Ajoutons que la distance à laquelle atteindra cette humidité ne saurait être déterminée, qu'elle peut s'élever très-haut au-dessus du niveau du sol, et que si, arrivée à un certain point, sa progression devient plus lente, c'est l'effet du rapport qui existe entre les causes par lesquelles cette humidité est produite et l'influence neutralisante de la température de l'atmosphère, rapport en raison duquel l'équilibre cherche à s'établir. On comprend très-bien que la partie inférieure d'un mur pénétrée d'une certaine dose d'humidité au commencencement de l'été le sera dans une proportion sensiblement moindre à la fin de cette saison, surtout s'il reçoit l'action directe du soleil; mais, l'hiver suivant, l'humidité atteindra de nouveau les parties dont elle aura été momentanément repoussée (2).

Des inconvénients de l'humidité.

Quoique les inconvénients de l'humidité soient bien connus, nous croyons devoir, avant d'indiquer les moyens que nous proposons pour les combattre, rappeler ici les principaux : il faut mettre en première ligne l'insalubrité résultant de la permanence de l'humidité dans les lieux habités, puis l'action destructive qu'elle exerce sur

---

(1) On entend très-souvent dire, l'humidité monte toujours, et par là on semble donner à penser que, pour envahir un corps hygrométrique, l'humidité doit venir de bas en haut, tandis qu'il faut bien qu'on sache que l'humidité envahit les corps hygrométriques dès qu'elle les rencontre soit horizontalement, soit verticalement, n'importe enfin dans quelle direction ils se présentent; ainsi, en supposant la colonne que nous avons prise pour exemple couchée horizontalement et sa base seule baignée dans l'eau, l'humidité l'envahirait absolument comme dans le premier cas.

(2) C'est à tort qu'on fait exécuter les travaux de peintures intérieures et extérieures à l'époque du printemps; c'est à l'automne que ces travaux pourront être faits avec bien plus de succès, d'après ce que nous venons de dire de l'influence que la belle saison exerce sur les parties des constructions exposées à l'humidité.

tous les objets qui sont de nature à en souffrir ; ainsi les enduits se détruisent et tombent, les lambris, les planchers et les parquets pourrissent, la peinture farine et se détache, les papiers s'imbibent et se décomposent, les étoffes s'altèrent, les meubles, les tableaux, les livres, et enfin tout ce qu'on est dans l'usage de conserver dans les appartements est exposé à une détérioration certaine. De plus, le corps même des murs en élévation, construits soit en pierre, en maçonnerie, en brique ou en pans de bois, subit une altération progressive qui peut devenir nuisible à leur solidité. Sur les parements extérieurs, la dégradation commence par les joints pour lesquels on n'a pas toujours soin d'employer les mortiers ou ciments qu'il conviendrait (1). Il en résulte (et cela sera toujours très-difficile à éviter) que la substance qui est interposée entre les assises des pierres, étant ordinairement plus perméable à l'humidité que la pierre elle-même, se décompose la première, que le joint se creuse, et que l'humidité, trouvant un point d'arrêt, séjourne entre les deux arêtes. Ces parties humides, subissant ensuite les alternatives de la gelée, du dégel et de la chaleur, finissent par se décomposer, et tombent en poussière. Le joint, se trouvant ainsi élargi, offre encore plus de prise à la destruction, et, si l'on n'y porte promptement un remède efficace, l'humidité, jointe à la poussière, contribuera au développement de végétations qui accélèrent la ruine de la construction, à laquelle de nombreux insectes viennent encore coopérer (2). Outre ces inconvénients matériels inhérents à notre manière de construire, il résulte de ce système d'interposition de mortier entre les pierres un effet très-désagréable à l'œil, et qui détruit l'unité des formes architecturales, comme on peut en juger par les colonnes de la Madeleine, du Panthéon, de la bourse, et par l'arc de triomphe du carrousel, qui a cependant été construit avec le plus grand soin (3).

---

(1) A l'occasion des inconvénients qui résultent de l'humidité, ce serait le cas d'entrer dans les diverses considérations que comportent la composition et l'emploi des mortiers ; mais nous craindrions de trop nous écarter du sujet qui nous occupe, et nous préférons d'ailleurs renvoyer aux travaux remarquables de M. *Vicat*, qui a traité la question des mortiers avec une grande supériorité.

(2) Il importe d'établir que l'humidité qui pénètre dans des constructions en pierres ne peut être nuisible à ces constructions lorsqu'elle est constante et que les pierres n'ont pas à subir les alternatives de l'humidité, de la sécheresse, de la gelée, etc. C'est ainsi que les pierres des piles de ponts, qui sont constamment sous l'eau, ne se détériorent pas, tandis que la zone de celles qui, par l'alternative de la crue et de la diminution des eaux, sont exposées à être tantôt baignées, tantôt découvertes, subit une épreuve à laquelle elle ne peut résister qu'un certain temps. C'est précisément cette zone qu'on a dû réparer entièrement aux piles du Pont-Neuf ; pour preuve de la non-décomposition des pierres maintenues dans une humidité constante, nous citerons encore celles qui se trouvent dans les carrières, et les pierres qui séjournent au fond des rivières. Ainsi donc, dans un bâtiment, les parties de murs au-dessous du sol n'ont rien à redouter, pour leur conservation, des effets de l'humidité.

(3) Certes, avec notre manière de construire, l'emploi d'un bon mortier est une chose très-essentielle ; mais il est un autre système de construction qui serait bien préférable s'il pouvait être adopté, c'est celui avec lequel on peut se passer de toute espèce de mortier ou ciment, quand on construit en pierre de taille ; c'est le système suivi par les anciens depuis la plus haute antiquité jusqu'aux temps de barbarie qui suivirent la chute de l'empire romain, et qui consiste à poser les assises à pierre sèche, sans

Imperfection des moyens employés pour combattre ou neutraliser les effets de l'humidité.

Jusqu'à présent on a eu beaucoup à s'occuper de combattre les effets de l'humidité et ses inconvénients, dans les bâtiments déjà construits, et on n'a pas songé à les prévenir dans l'origine des constructions.

Pour combattre les effets de l'humidité, on a eu généralement recours à des enduits,

---

l'introduction d'aucune composition factice. Ces constructions sont préférables à celles que nous exécutons journellement, sous le double rapport de la stabilité et de la durée ; car, d'une part, cette manière de construire exige que les surfaces des lits des pierres soient parfaitement planes et que la superposition des assises ait lieu très-exactement ; et, d'une autre part, la finesse extrême des joints, qui n'existent pour ainsi dire pas, ne laisse aucune prise à la destruction : aussi l'expérience de plusieurs siècles a-t-elle fait reconnaître qu'une telle construction, lorsque les matériaux sont de bonne qualité, est, pour ainsi dire, impérissable. Jamais les Grecs et les Romains n'ont construit autrement, soit en marbre, soit en pierre, et des exemples tels que le Colisée, le pont du Gard, les arènes de Nîmes, etc., ne peuvent laisser aucun doute sur l'excellence de ce système.

Non content d'une telle perfection, les anciens ont pris un surcroît de précaution à l'égard des monuments de pierre, en les revêtant très-souvent d'un stuc, afin de dissimuler encore plus complétement les joints et de préserver en même temps la pierre, toujours plus ou moins poreuse, des effets des intempéries de l'atmosphère. Ce stuc, dont l'épaisseur n'était pas d'un millimètre, ressemblait beaucoup plus à une couche de peinture qu'à un enduit, de sorte qu'il pouvait être appliqué non-seulement sur les parties lisses, mais également sur les sculptures. Quant à sa durée, elle ne peut être contestée, puisque aujourd'hui même, dans les monuments où ces stucs datent de près de deux mille ans, on ne saurait les détacher de la pierre par aucun moyen. On conçoit tout ce qu'un tel système aurait d'avantageux dans la construction, pour la conservation de nos monuments, savoir : la pose des pierres à pierre sèche, et l'application d'un stuc susceptible de les préserver des ravages de notre climat. Au premier abord, la construction à pierre sèche semble présenter de grandes difficultés, par le soin extrême qu'elle exige dans la taille des pierres ; mais il nous semble, cependant, qu'à l'aide de moyens mécaniques peu compliqués, on pourrait suppléer à ce que le travail de l'homme aurait de trop dispendieux. Quant aux stucs à appliquer sur la pierre, s'il ne s'agissait que de reproduire ceux des anciens, rien ne serait plus facile; mais il faut faire la part de la différence des climats, et il est probable que le stuc antique ne se comporterait pas en France comme en Grèce et en Italie; c'est donc une composition analogue qu'il s'agit de préparer, et en cela l'état des connaissances que nous possédons en chimie nous permet d'espérer que ce résultat pourra être prochainement obtenu. Ce n'est pas un simple vœu que nous émettons, c'est presque une prédiction que nous prétendons faire; car on ne peut que déplorer cette fureur de grattage et de blanchissage qui s'est emparée de nous depuis quelques années, et, d'un autre côté, rien n'est plus déplorable que l'état dans lequel se trouvent nos édifices de pierre construits avec le plus de luxe.

C'est donc en présence du portique de la Madeleine que nous disons sans hésiter : Dans dix ans, ce portique recevra ou une peinture, ou un stuc, ou une composition quelconque, qui dissimulera les joints, les préservera des atteintes de l'humidité, et conservera à la pierre une teinte égale qui permettra de jouir de l'ensemble des proportions de l'architecture.

Si nous sommes entré dans quelques développements au sujet du mode suivi par les anciens dans leurs constructions de pierre, c'est dans le but d'appeler l'attention de la Société d'encouragement sur une question qu'il nous paraît essentiel de livrer à l'étude des personnes capables de la résoudre, dans l'intérêt de la conservation et de la durée de nos monuments nationaux.

ou à des ciments dits *hydrofuges*, qu'on a appliqués sur les parois intérieures des murs, de manière à substituer, à l'aide d'un nouvel enduit supposé imperméable, une surface sèche à une surface plus ou moins humide.

Sans vouloir analyser la composition et la qualité des différents ciments ou produits employés pour cet usage, ni prétendre apprécier le degré d'efficacité qu'on a pu leur reconnaître, nous n'hésitons pas cependant à dire que toutes les compositions plus ou moins heureusement combinées ne peuvent être qu'un remède très-imparfait, en ce qu'il ne détruit pas la cause première et réelle du mal qu'on cherche à combattre; car l'humidité est un fléau ayant une action continue qu'on ne peut arrêter, et qui ne peut être amoindri ou anéanti que par l'action de l'air. Nous ne craignons donc pas d'avancer que tous ces prétendus enduits hydrofuges ne sont que des palliatifs susceptibles de dissimuler plus ou moins longtemps le mal sans jamais l'anéantir; qu'ils ont même souvent le grave inconvénient de l'augmenter, en diminuant les chances d'absorption, et qu'au lieu d'aider à la dessiccation des constructions, ils contribuent souvent à y maintenir l'humidité, dont les causes premières subsistent toujours et dont les effets désastreux continuent à exercer une funeste influence. Il faut toutefois faire quelques réserves en ce qui concerne l'emploi de ces divers enduits, selon leur espèce et leurs propriétés, dans certains cas particuliers. Ces réserves sont surtout applicables à l'enduit de MM. *Thénard* et *d'Arcet*, qui, dans les données auxquelles il doit satisfaire, a obtenu un succès incontestable et déjà sanctionné par une expérience de plusieurs années.

C'est donc au principe même du mal qu'il faut s'attaquer, afin de le neutraliser s'il est possible; car c'est en l'arrêtant dès son origine que l'on parviendra à en annuler les effets. Les causes de l'humidité et de sa progression étant maintenant connues, il sera plus facile de trouver les moyens de la prévenir et de la combattre : ces moyens doivent toujours avoir pour but d'empêcher l'humidité de pénétrer dans l'intérieur des murs; car, dès que les murs seront envahis par elle, il est à peu près impossible de l'en détourner.

Moyens de prévenir les inconvénients de l'humidité lors de l'exécution des constructions.

– C'est surtout au moment où l'on entreprend les constructions qu'il importe de prévenir les inconvénients de l'humidité, car les moyens à employer ne seraient plus applicables après les travaux terminés.

Ces moyens variant selon les matériaux avec lesquels on construit, nous indiquerons successivement ceux qui sont applicables aux constructions en pierre, en moellon, en brique, en pans de bois, et nous examinerons les dispositions particulières à adopter, quand on voudra ou non faire des caves, ou utiliser un étage souterrain.

L'attention devra se porter d'abord sur la manière d'établir les fondations, et, à cet égard, nous recommanderons un béton composé de bon mortier hydraulique de meulière concassée, de pouzzolane et de silex (1). La hauteur de ce lit de béton sera néces-

---

(1) On peut avec succès, dans certains cas, remplacer le béton ainsi composé par un simple béton

sairement proportionnée au poids qu'il devra supporter; cette hauteur une fois déterminée, on aura soin d'arroser ce massif avec un enduit de mortier hydraulique; cet enduit étant bien pris, on commencera à poser les pierres pour les joints desquelles on emploiera également du mortier hydraulique. Quand on sera ainsi parvenu un peu au-dessous du niveau du sol intérieur du rez-de-chaussée, on appliquera, sur le lit supérieur B, fig. 1, pl. 928, de la dernière assise et dans toute l'étendue du mur, une feuille de plomb très-mince; ou bien, après avoir préalablement séché cette assise, on étendra, sur sa surface horizontale, un enduit bitumineux aussi mince que possible, pourvu qu'il pénètre dans la pierre et qu'il en bouche tous les pores. Cette opération terminée, on continuera la pose des assises, mais en ayant soin de choisir des pierres calcaires de bonne qualité; car, quoique toutes les pierres soient plus ou moins hygrométriques, il faudra toujours employer celles qui le seront le moins, ou plutôt encore, pour cette partie inférieure des bâtiments exposée aux influences atmosphériques, celles qui sont le moins susceptibles de se décomposer, surtout si elles ne sont garanties par aucun moyen particulier. Il est reconnu que la manière dont se comportent les pierres dépend, pour certaines d'entre elles, des conditions dans lesquelles elles se trouvent employées : ainsi, par exemple, telle pierre qui se conservera parfaitement, placée à une certaine hauteur au-dessus du sol, sera au contraire très-promptement détruite si elle en est rapprochée. La pierre de l'île Adam, dite de l'Abbaye-du-Val, celle de Saint-Leu, etc., sont dans ce cas. La pierre de Chérence, qui est très-dure et peut être soumise à une forte pression, ne se décompose jamais; mais elle est extrêmement poreuse, et laisse tamiser l'eau comme un filtre. Les mêmes observations s'appliquent aux mortiers, dont les uns sont excellents quand ils sont maintenus dans l'humidité, tandis qu'ils seraient très-mauvais exposés à l'air ou à la chaleur et réciproquement.

L'interposition d'une lame de plomb ou d'une substance bitumineuse qui a déjà été employée avec succès a pour but d'arrêter l'humidité que la partie inférieure du mur pourra recevoir du sol : à la vérité, le lit de béton, que nous avons recommandé comme base du mur, laissera difficilement pénétrer l'humidité qui pourrait s'y introduire par cette voie; mais il importe d'arrêter celle à laquelle le mur est exposé par ses deux parois. Les mêmes précautions devront être prises pour les murs ou pans de bois de refend, surtout s'il n'y a pas de caves. Quant aux murs de face, ils en réclament encore d'autres pour les garantir des atteintes de l'humidité atmosphérique dont ils auront toujours plus ou moins à souffrir, selon leur exposition. La feuille de plomb, qui est efficace pour combattre et arrêter l'humidité provenant du sol, ne peut neutraliser

---

de sable et chaux hydraulique; il en résulte une économie notable. C'est sur des lits de semblable béton qu'ont été établies toutes les constructions de l'embarcadère du chemin de fer du Nord, sous la direction de M. *Reynaud*, ingénieur : toutefois nous doutons qu'on puisse s'en promettre le même avantage contre l'humidité. Consulter, pour la composition des bétons, les ouvrages de M. *Vicat*, et choisir les bétons dont les qualités particulières ont été reconnues par l'expérience.

les effets de l'humidité de l'atmosphère : en effet, si l'on place cette feuille au niveau du sol extérieur, toute la partie inférieure du mur, au-dessus de ce niveau, restera exposée à l'humidité, et cette humidité gagnera l'intérieur; si, au contraire, on met la feuille de plomb au-dessus du sol extérieur, et qu'on élève d'autant le niveau du sol intérieur, la partie inférieure du mur restera exposée au double inconvénient de l'humidité provenant du sol et de celle de l'atmosphère, par conséquent à toutes les chances de destruction que nous avons signalées. Il reste donc un point essentiel à déterminer, savoir, de préserver le pied des murs de face des effets de l'humidité de l'atmosphère, à quelque niveau que soit établi l'obstacle destiné à arrêter l'humidité du sol.

On peut indiquer, comme un excellent préservatif contre l'humidité atmosphérique, un revêtement de dalles de pierre appliqué dans le bas des murs de face : ces dalles, en pierre calcaire de bonne qualité, auront au moins un mètre de hauteur, et plus, selon l'importance de l'édifice ; elles devront être posées pierre à pierre ; et il est indispensable de ménager un petit intervalle pour la circulation de l'air entre les dalles de revêtement et le parement du mur dans lequel elles seront agrafées. Comme surcroît de précaution, la face intérieure des dalles serait imprégnée d'un enduit bitumineux, et leur partie supérieure couverte d'une assise de pierre dont la taille ou le profil seraient tels que l'eau ne pût y séjourner. Il est évident qu'avec ces précautions, ni la pluie battant contre le mur, ni celle qui rejaillit sur le sol, ni l'eau qui descend de la partie supérieure, ne pourront pénétrer le mur proprement dit, et que, si les dalles de revêtement se trouvent momentanément humides, elles sécheront très-promptement et ne communiqueront point leur humidité passagère au corps du mur dont elles sont isolées. On obtiendra, en outre, par ce système, l'avantage d'éviter, dans la partie inférieure des bâtiments, les joints horizontaux, qu'on ne peut pas ou qu'on n'ose pas faire à pierre sèche, et qui sont conséquemment les plus sujets à se détériorer (1). (*Voyez* fig. 1.)

Lorsqu'aux précautions que nous venons de recommander on aura ajouté soit un revers de pavé bien fait, sur ciment, soit, ce qui est préférable, un enduit d'asphalte de $1^m,50$ de large, avec une pente suffisante, tout le long du pied du bâtiment, on aura complété les moyens les plus simples et les plus indispensables, pour prévenir les inconvénients de l'humidité qui peut s'introduire, par les murs, dans l'intérieur des bâtiments. Mais le système de revêtement, qui est d'une exécution facile lorsque les murs de face sont en ligne droite et sans saillies notables, rencontrerait de grandes difficultés pour des façades d'édifices dont le style d'architecture motiverait un grand

(1) Ce système de dallage est très-souvent pratiqué uniquement dans ce dernier but ; nous désirons qu'il puisse être exécuté de manière à obtenir le double résultat que nous venons d'indiquer. Pour cela, il suffirait d'éviter, ainsi qu'on a coutume de le faire, de couler en plâtre, ou même en mortier, le vide qui reste entre les dalles et le mur ; car la circulation de l'air entre les parties exposées à l'humidité et celles qu'on veut préserver sera toujours le meilleur moyen d'arriver au résultat que nous proposons. La pierre de Château-Landon, et, à son défaut, le liais, doivent être préférés pour cet usage. Le soubassement des faces latérales de l'église de Notre-Dame de Lorette a été revêtu de dalles de Château Landon, qui, depuis vingt ans, se sont maintenues dans un état de conservation parfaite.

nombre d'avant-corps, d'arrière-corps, de parties saillantes, etc., comme on le remarque, par exemple, dans l'intérieur de la cour du Louvre. Dans ce cas, ce système devra être modifié, et même quelquefois abandonné; il faudra alors élever sensiblement le niveau du sol intérieur au-dessus du sol extérieur; et, pour suppléer aux bons effets du revêtement, on choisira d'excellents matériaux; il sera nécessaire d'apporter le plus grand soin dans la construction et de donner aux murs une plus forte épaisseur (1). Un moyen à l'aide duquel on peut, dans ce cas, obtenir un très-bon résultat consiste à bien chausser les bâtiments, c'est-à-dire à élever les murs de face sur une sorte de soubassement qui, par sa hauteur et son empatement, puisse contribuer à éloigner du pied du mur les chances d'humidité. Pour rendre notre idée plus sensible, nous citerons comme exemples la façade de la Monnaie, sur le quai, les faces latérales de l'édifice du quai d'Orsay et la façade du grand corps de bâtiment de l'école des beaux-arts; la plupart des palais d'Italie sont élevés sur des soubassements de ce genre. Il serait même à désirer que cette espèce de banquette fût creuse intérieurement, afin de pouvoir y établir une circulation d'air : dans tous les cas, les pierres qui la recouvriront devront être bien choisies et avoir une pente suffisante pour faciliter l'écoulement des eaux. (*Voyez* la fig. 2.)

Ces précautions, qui entraînent à d'assez fortes dépenses, ne sont applicables qu'à des constructions monumentales, pour la conservation et la durée desquelles on ne doit rien négliger. Aussi, dans les cas que nous venons de supposer, il faudra non-seulement conserver la feuille de plomb, mais peut-être même en placer à deux hauteurs différentes I et B; de plus, il conviendra d'adopter, pour l'intérieur des murs du rez-de-chaussée, un système de revêtement avec isolement, soit en marbre, soit en pierre, soit en menuiserie, selon la destination de cette partie de l'édifice, mais toujours dans le but d'éviter l'humidité qui pourrait traverser la partie inférieure du mur, laquelle ne se trouve pas garantie, à l'extérieur, d'une manière complète. Derrière ces revêtements, il conviendra aussi de bituminer les parois du mur (2). (*Voyez* la fig. 2.)

---

(1) C'est surtout dans de semblables conditions qu'il serait à désirer qu'on pût construire à pierre sèche, du moins dans une certaine hauteur.

Pour se convaincre de l'influence qu'exercent, sur la durée des édifices, le choix des matériaux et le soin apporté dans la manière de construire, nous citerons l'ancien Louvre, qui date de trois cents ans, et dont les soubassements, bien qu'on n'ait pris aucune précaution particulière, ainsi que le prouvent les traces d'humidité intérieure, sont encore dans un état de conservation très-satisfaisante. Il est certain qu'autrefois on se préoccupait davantage de la bonne qualité des matériaux : nous rappellerons à cette occasion que lorsque, sous Louis XIV, il fut question d'achever la construction du Louvre, Colbert chargea une commission d'architectes de visiter les monuments de Paris et des environs, afin de reconnaître la qualité des pierres dont ils étaient bâtis, le plus ou le moins d'altération qu'elles avaient éprouvé, et les carrières dont elles avaient été tirées. Le rapport très-intéressant de cette commission existe en manuscrit à la bibliothèque royale. Un travail analogue a été ordonné et exécuté dernièrement en Angleterre, pour les pierres qui doivent être employées dans la construction du nouvel édifice destiné au parlement; ce travail a été imprimé.

(2) On conçoit que la dépense que nécessiteront des travaux de ce genre est trop variable pour pou-

Tels sont, en résumé, les moyens qu'on pourra employer avec quelque succès pour prévenir l'humidité qui pénètre par les murs de face et les murs de refend, dans les constructions en pierre de taille.

En examinant les moyens applicables aux constructions en moellon, nous serons amené à reconnaître qu'ils devront être les mêmes que ceux indiqués pour les cas généraux des bâtiments en pierre. Nous ferons observer, toutefois, que le manque de liaison qui résulterait de l'interposition de la feuille de plomb, eu égard à une moindre épaisseur donnée aux murs, exigerait quelques combinaisons que nous laissons au jugement des constructeurs, si mieux ils n'aiment recourir à l'emploi du bitume qu'on peut appliquer de plusieurs manières, soit en interposant, dans la construction, à la hauteur où l'on voudra arrêter l'humidité, une ou deux rangées de briques bituminées à l'avance, soit en coulant le bitume sur place, soit en faisant usage de moellons factices, composés de morceaux de meulière liés entre eux avec du bitume et susceptibles d'adhérer suffisamment avec le mortier.

Si les murs de face, au moins dans leur partie inférieure, sont construits en pierre meulière, on pourra se dispenser du revêtement de dalles; car le parement d'un mur en meulière et bon mortier hydraulique, bien rocaillé extérieurement, n'aura, pour ainsi dire, rien à redouter de l'humidité. Lorsqu'on ne pourra disposer que de matériaux de mauvaise qualité pour la partie inférieure des murs, et qu'on n'en trouvera aucun pour faire le revêtement que nous avons indiqué, il faudra couvrir cette partie d'un enduit de bon mortier, bien lissé; il est inutile d'ajouter qu'on doit proscrire totalement l'usage du plâtre dans les constructions qui avoisinent le sol (1).

Dans les localités où l'on emploie généralement la brique pour les constructions, il faudra la choisir de bonne qualité pour les murs de face, et surtout pour les parties voisines du sol. Dans ce cas, le meilleur moyen de garantir les parements extérieurs de l'humidité et de l'empêcher de pénétrer dans les murs consisterait à employer des briques dont la face extérieure serait bituminée ou, mieux encore, revêtue d'émail (2). Il est bien entendu que les joints seront toujours faits en bon mortier. Nous pensons aussi que,

---

voir être établie dans cette instruction, qui est faite dans le but de servir pour tous les cas analogues et imprévus qui peuvent se présenter; et d'ailleurs, un tel surcroît de précautions ne peut être recommandé que pour des édifices publics élevés à grands frais.

(1) Nous devons faire, à l'égard des mortiers, des observations analogues à celles que nous avons faites précédemment à l'égard des pierres, c'est que tel mortier qui par sa composition peut être très-avantageusement employé dans telle condition ne conviendrait pas du tout dans telle autre, ainsi les mortiers hydrauliques ne sont bons qu'à la condition d'être maintenus dans une humidité constante, et, exposés à une trop grande sécheresse, ils ne vaudront pas les mortiers ordinaires de chaux grasse.

(2) L'application de l'émail sur la terre cuite date de la plus haute antiquité : les murs de Babylone et de Persépolis étaient revêtus de briques émaillées de diverses couleurs, et, depuis, on en retrouve des exemples dans des monuments de différentes époques. Nous ne savons pourquoi l'usage des terres émailliées a été abandonné; mais il nous semble qu'on a trop méconnu les avantages qu'on peut en retirer. Depuis des siècles, les Orientaux sont dans l'usage de revêtir les murs intérieurs de leurs habitations de carreaux en faïence, qui ont l'avantage de leur procurer de la fraîcheur, tout en les préservant de l'hu-

dans ce genre de construction, une rangée de briques bituminées peut avantageusement remplacer la feuille de plomb, selon la différence qui en pourrait résulter pour la dépense, eu égard aux pays dans lesquels on construirait. Il est certain qu'on obtiendrait de bons effets du bitume employé dans la construction en brique, en remplacement du mortier, ainsi que cela se pratiquait dans l'antiquité. On sait, en effet, que les constructions de Babylone étaient composées de briques unies entre elles par du bitume mêlé de roseau haché; et nous ne savons pas pourquoi on ne chercherait pas à faire de nouveau l'application de cet ancien mode de construction. Seulement, dans ce cas, il faudrait que la quantité de bitume étendue entre chaque rangée de briques eût la moindre épaisseur possible et conservât une certaine élasticité; car, si le bitume est cassant et sec, il ne résistera pas à la pression, et il pourra survenir des tassements dans la construction. L'introduction de roseau ou de paille hachée nous paraît devoir remédier à cet inconvénient.

A Paris, où l'on construit souvent en pans de bois, sans prendre aucune précaution contre l'humidité, on se contente de poser les pans de bois au-dessus d'une ou de deux assises de pierre, ou même sur un soubassement en moellon ou en brique; la partie inférieure du pan de bois est composée de pièces horizontales appelées *sablières basses*, qui, dans toute leur étendue, se trouvent ainsi en contact avec ce soubassement en maçonnerie ou en pierre, lequel n'est souvent qu'à $0^{m},50$ au-dessus du sol; ces sablières, destinées à recevoir le pied de toutes les autres pièces du pan de bois, sont, par là, exposées à une humidité constante et pourrissent très-promptement.

Il importe donc, lorsqu'on construira en pans de bois, de redoubler de précaution; dans ce cas, la feuille de plomb sera indispensable, et il conviendra de l'interposer entre l'assise sur laquelle doit reposer le pan de bois et la sablière basse de ce pan de bois.

Selon la nature des matériaux employés pour la construction inférieure, on pourrait substituer à la feuille de plomb une préparation hydrofuge appliquée avec soin sur la maçonnerie servant de base au pan de bois. Il conviendra de faire ce soubasse-

---

midité; l'Espagne leur a emprunté cet usage : en Hollande, on fait généralement usage des carreaux du même genre, pour les revêtements intérieurs des rez-de-chaussée, sans doute comme préservatif contre l'humidité, qui est très à redouter dans ce pays. Dès le XVe et surtout au XVIe siècle, on introduisit en France l'emploi des carreaux de faïence pour le carrelage des appartements les plus simples, comme les plus recherchés; on en voyait encore, il y a peu de temps, au château d'Anet et d'Écouen : il est évident qu'au rez-de-chaussée ce genre de carrelage devait avoir la propriété d'empêcher l'humidité de se produire à la surface du sol. On a fait aussi usage de tuiles émaillées pour les couvertures, et on a même appliqué ce genre de décoration aux façades des maisons, comme on en voit encore quelques exemples à Beauvais. Le château de Madrid, au bois de Boulogne, était célèbre par la beauté des ornements de faïence dont il était revêtu extérieurement et qui étaient dus au célèbre César della Robbia. Nous pourrions, au sujet des terres émaillées, entrer dans de plus grands développements, mais ils seraient étrangers à la matière que nous traitons; nous nous bornerons à appeler l'attention de la Société d'encouragement sur une fabrication dont s'est honorée, autrefois, notre industrie nationale et qui semble être, aujourd'hui, tombée dans un abandon complet.

ment le plus haut possible, et, pour les pans de bois de face, nous renverrons aux observations que nous avons faites à l'égard des murs (1).

L'humidité contre laquelle nous venons d'indiquer différents moyens préservatifs est seulement celle qui peut pénétrer dans la partie inférieure des bâtiments, par la voie des murs, soit intérieurs, soit extérieurs; il nous reste à nous occuper de celle qui s'introduira directement par le sol, selon qu'il y a des caves ou qu'il n'y en a pas.

Il y aura toujours avantage, pour l'assainissement des bâtiments habités, à les élever au-dessus de caves, et l'on conçoit que ce système de construction devra diminuer sensiblement les chances d'humidité et rendra plus faciles les moyens de la combattre. Dans un bâtiment élevé sur caves, les murs de face ne seront plus en contact avec le sol que par leur base et par une de leurs parois, et les murs de refend par leur base seulement; de plus, le sol du rez-de-chaussée sera ainsi sur voûte, au lieu d'être directement établi sur la terre. Cependant les avantages d'un rez-de-chaussée élevé sur caves ne sont pas tels qu'on pourrait le croire, et, quelque bien aérées que soient les caves, leur voûte contient encore une certaine humidité qui se produit sur les dallages, les carrelages et les planchers, et dont il importe de se garantir.

Dans le sol d'un rez-de-chaussée sans caves, l'humidité se manifeste constamment à la surface, si l'on n'y apporte un remède efficace. Quand ce sol est planchéié ou parqueté, l'action de l'humidité n'est point directe, les planchers ou les feuilles de parquet étant posés sur des lambourdes qui les isolent et forment un espace vide entre le plancher et le sol; mais ces lambourdes, étant en contact avec le sol, subissent l'action

---

(1) Malgré les résultats que promettent les précautions que nous venons d'indiquer, nous conseillerons, pour plus de sûreté, de ne jamais construire en pans de bois dans la hauteur des rez-de-chaussée, ni dans les façades exposées au sud ou à l'ouest; car le bois, enveloppé de maçonnerie et privé d'air, est exposé à pourrir promptement. C'est dans le but d'assurer la conservation du bois qu'on le couvre d'une couche de peinture, et souvent l'on produit l'effet contraire. Pour que la peinture conserve le bois, il faut qu'elle ne soit appliquée que lorsque le bois est complétement sec; sans cela, elle confine à l'intérieur l'humidité préexistante, et cette humidité, ainsi emprisonnée, est un germe de destruction. Le bois a besoin d'air, et, quand il est parfaitement sec, il peut être presque impunément exposé aux variations de l'atmosphère. Ainsi, par exemple, dans nos vieilles villes de France, on voit des façades de maisons en pans de bois, qui datent de trois cents ans, où les bois, dépouillés depuis longtemps de leur ancienne peinture, sont, il est vrai, rongés à leur surface par l'influence de la pluie et du soleil, mais le cœur en est sain et conserve sa force. C'est par une raison analogue que la charpente des combles ne pourrit jamais. Au marché des Blancs-Manteaux, la charpente, qui avait été peinte, a été pourrie au bout de vingt-cinq ans, et vient d'être remplacée par une charpente de fer. Nous ne prétendons pas cependant que la peinture ne puisse contribuer à préserver les bois exposés aux influences atmosphériques, mais seulement il importe de l'appliquer à propos et de manière à ne renfermer aucune humidité intérieurement : ainsi, par exemple, les faces des fenêtres et des portes, exposées à l'extérieur, ont besoin d'être peintes aussitôt qu'on les met en place; mais il est inutile de peindre leur face intérieure, qui est abritée, et, en laissant ainsi une face sans peinture, le bois séchera bien plus facilement. Nous pensons donc que nos ancêtres avaient raison de laisser les pièces des pans de bois et les solives de leurs planchers accessibles à l'air. L'art, d'ailleurs, s'était emparé de ces dispositions et en avait su tirer un excellent parti. On sait aussi quel charme présentent à l'œil les boiseries en bois naturel, ainsi qu'on était dans l'usage de les faire anciennement.

permanente de l'humidité, se trouvent bientôt pénétrées et ne tardent pas à pourrir. Il est donc nécessaire, dans ce cas, de substituer au sol naturel un sol factice et imperméable, qui permette d'établir le plancher à l'abri de cette humidité inférieure et ascendante. Le moyen qu'il conviendrait d'adopter serait de couvrir le sol d'un lit de béton hydraulique de $0^m,15$ d'épaisseur au moins, sur lequel on étendrait une couche d'asphalte de $0^m,005$; sur ce nouveau sol, ainsi composé, on pourra, en toute sûreté, établir les lambourdes et les parquets (1).

Ce que nous venons de dire des planchers à établir dans les rez-de-chaussée sans caves s'applique aux dallages de marbre, de pierre et de terre cuite, et les moyens à employer pour les préserver de l'humidité seront les mêmes que ceux qui viennent d'être indiqués; seulement, au lieu d'appliquer l'enduit hydrofuge sur le béton, il faudrait peut-être en recouvrir les dalles mêmes, ainsi que MM. *Thénard* et *d'Arcet* l'ont conseillé. Quant au béton, qui, par économie, pourrait être supprimé au-dessous des parquets, il est indispensable au-dessous des dallages de pierre ou marbre, afin d'éviter les tassements et obtenir un niveau parfait, et pour cela il devra être mis au-dessus et non au-dessous de la couche de bitume (2).

L'expérience a fait reconnaître que le sol des rez-de-chaussée même élevés sur caves n'est pas entièrement exempt d'humidité, et voici les observations que nous avons faites à ce sujet : pour niveler le sol du rez-de-chaussée, on est dans l'usage de remblayer le vide qui reste au-dessus de l'extrados des voûtes de caves avec des gravois, des éclats de pierre, etc., sans mortier, et l'on pose les dallages immédiatement sur ces remblais; on a remarqué que, dans les vestibules, les escaliers, et, en général, dans les lieux qui ne sont pas bien clos et où peut pénétrer l'humidité de l'air extérieur, les dallages, ainsi posés, ne restent jamais dans un état de sécheresse parfaite, et conservent des taches humides. Cela peut s'expliquer de la manière suivante : l'humidité qui se développe et séjourne sur des dalles de pierre, surtout quand une température douce succède à un très-grand froid, pénètre dans l'intérieur de ces dalles, les traverse et s'introduit au-dessous sans que jamais l'action de l'air puisse parvenir à

---

(1) Nous avons vu quelques essais de feuilles de parquet posées directement sur l'asphalte pendant qu'il est encore chaud, qui nous ont paru assez satisfaisants.

(2) Tous les dallages en pierre des rez-de-chaussée de l'école des beaux-arts et celui de la salle du Jugement dernier sont posés sur béton et se sont maintenus dans un état de sécheresse parfaite, quoiqu'il n'y ait pas de caves.

Pour le dallage de la nouvelle galerie d'agriculture au Conservatoire des arts et métiers, les précautions ont été encore plus grandes; je l'ai fait établir sur une aire d'asphalte et de béton superposés; voici comment on a procédé : le sol a été d'abord bien nivelé et bien battu, puis on a étendu, sur toute la surface, de la terre à poêle à 3 ou 4 centimètres de hauteur. C'est sur le sol ainsi préparé qu'a été établie l'aire d'asphalte de 10 à 15 millimètres d'épaisseur, et sur cette aire le béton de 10 à 12 centimètres destiné à recevoir le dallage qui a été posé sur un lit de mortier fin. Le béton, disposé ainsi au-dessus de l'aire d'asphalte, se prête mieux à la pose des dalles; car, si l'aire d'asphalte était établie au-dessus du béton, elle ne se marierait pas avec le mortier, qui est, d'ailleurs, indispensable pour obtenir, lors de la pose, une certaine élasticité.

l'atteindre. Cette humidité, ainsi concentrée entre les dallages et les voûtes de caves qui, elles-mêmes, sont humides, ne peut que s'accroître, de sorte que, lors même que la surface extérieure des dallages est séchée par l'atmosphère, l'humidité leur parvient de nouveau de la partie inférieure avec laquelle ils sont en contact. Si ces inconvénients sont moindres dans les localités bien closes et à cause de la chaleur qu'on y entretient en hiver, ils s'y manifestent cependant quelquefois, surtout si elles restent inhabitées; et, comme ces inconvénients sont dus à l'humidité qui existe dans les voûtes et dans les murs des caves, nous conseillons de poser sur béton les dallages des rez-de-chaussée, même lorsqu'il y aura des caves. Dans les lieux les plus exposés à l'humidité de l'atmosphère, on pourra employer un enduit hydrofuge indépendamment du béton. L'humidité qui s'introduit par les voûtes des caves est tellement reconnue, que nous recommandons de ne pas même élever une simple cloison dans un rez-de-chaussée, sans prendre les mêmes précautions que pour les murs qui ont leur fondation dans le sol, c'est-à-dire d'interposer, sous le pied de ces cloisons, soit une feuille de plomb, soit une préparation hydrofuge.

Un autre moyen d'établir les dallages ou les parquets des rez-de-chaussée consiste à élever, sur le sol ou sur les voûtes des caves, de petits murs parallèles et régulièrement espacés, en moellon, en meulière ou en briques. On pose sur ces murs le plancher ou les lambourdes destinés à porter le parquet, ou même un dallage, si la distance des murs a été calculée en conséquence. On pourrait, pour plus d'économie, se contenter de points d'appui isolés. Dans tous les cas, le dessus de la maçonnerie de ces murs ou de ces petites piles sera couvert d'une préparation hydrofuge. Au moyen de ce système de construction, le niveau du sol intérieur devant être établi en contre-haut de celui du sol extérieur, on fera circuler l'air au-dessous du plancher; à l'aide d'ouvertures ménagées dans le bas des murs, cet air servira à activer le tirage des foyers placés à l'intérieur des habitations, et procurera une fraîcheur agréable en été (1). (*Voy.* fig. 3 et 4.)

Lorsque le rez-de-chaussée d'un bâtiment est assez élevé au-dessus du sol extérieur, on peut utiliser l'étage souterrain, qui, par sa disposition, cesse véritablement d'être une cave; alors les précautions à prendre pour éviter les effets de l'humidité seront différentes de celles que nous avons indiquées. Ainsi, en faisant sentir la nécessité d'arrêter l'humidité provenant du sol, nous avons établi l'obstacle là où cette humidité devenait

(1) Les anciens, qui apportaient la plus grande recherche dans toutes les parties de leurs édifices, avaient adopté un système analogue pour leurs dallages : ils construisaient, sur le sol, de petits massifs carrés en brique, assez rapprochés pour supporter de grands carreaux en terre cuite, formant un premier dallage; ils couvraient ces carreaux d'une couche de mortier assez grossier, mais d'excellente qualité, de 2 ou 3 centimètres d'épaisseur, puis d'un enduit de mortier plus fin, sur lequel ils posaient les dalles de marbre ou les mosaïques qui composaient le sol intérieur de l'édifice. Ce mode de dallage était généralement employé pour les bains, où l'on en profitait pour faire circuler de l'air chaud; mais on le trouve également appliqué aux dallages des temples, où il n'avait sans doute d'autre but que d'éviter l'humidité. Dans les habitations antiques, le sol des pièces à rez-de-chaussée était composé de mosaïques qui, par la nature des matières dont elles étaient composées, étaient peu accessibles à l'humidité, et, de plus, ces mosaïques étaient posées sur un lit de mortier.

réellement nuisible, et nous avons dit qu'on pourrait la laisser envahir les parties des murs en contre-bas du niveau extérieur du sol où elle ne présente pas le même inconvénient; mais, si l'on veut rendre un étage souterrain habitable, il conviendra, après avoir établi les fondations en béton, d'opposer, à l'humidité qui pénétrera les murs par leur base, soit du plomb, soit un enduit hydrofuge, qu'on interposera au niveau F du sol de cet étage. (*Voyez* fig. 5.) Après avoir pris pour l'établissement de ce sol l'une ou l'autre des précautions indiquées, et de préférence celle qui consiste à ménager un isolement, il faudra songer à se garantir de l'humidité qui pénétrera à travers les murs dont l'une des parois est en contact avec le sol. A cet effet, nous conseillons, pour les constructions monumentales et en pierre, d'élever de ce côté un contre-mur B en meulière, susceptible de recevoir un enduit hydraulique imperméable, comme ceux des fosses. Un moyen plus économique et presque aussi sûr consisterait à enduire la paroi extérieure du mur d'une couche de bitume. Si le mur est en moellon, en brique ou en meulière, le contre-mur deviendra inutile, l'enduit hydraulique ou bitumineux pouvant s'appliquer directement sur ces matériaux. On pourrait aussi, en établissant un contre-mur très-mince, en brique H (fig. 6), isoler ce contre-mur de la surface du mur qu'on voudrait préserver (1). Si enfin l'étage en question exige un état de sécheresse parfaite, on aura soin d'y établir un bon système de ventilation, et d'appliquer, sur les parois intérieures des pièces de cet étage, soit des préparations hydrofuges, soit des lambris en bois.

Enfin il est une dernière disposition que nous avons mentionnée et à l'égard de laquelle il est nécessaire de prendre des précautions particulières contre l'humidité; c'est celle d'un bâtiment élevé à mi-côte et adossé en partie au terre-plein de cette côte; de manière que, d'un côté à l'autre, il y ait la différence d'un étage. Dans ce cas, il faudra construire préalablement un mur de soutenement en bons matériaux, destiné à maintenir les terres et les eaux de la partie supérieure. (*Voyez* la fig. 5.) Entre ce mur qui devra avoir une épaisseur et un talus convenables, et sera percé de barbacanes de distance en distance, et le mur de l'habitation, on ménagera un espace voûté A de 1 ou 2 mètres, formant un corridor dont le sol, au pied du mur de terrasse, aurait une pente réglée pour l'écoulement des eaux. L'air pouvant ainsi circuler librement entre la face de l'habitation et le terre-plein, on n'aura à redouter, pour le mur de l'habitation, que l'humidité à laquelle est exposé un bâtiment placé dans les conditions ordinaires. C'est par une disposition analogue qu'on cherche à préserver les orangeries et les serres chaudes des effets de l'humidité et du froid.

Les murs de terrasse, servant à soutenir des terres destinées à être plantées en jardin,

---

(1) En Angleterre, où l'on construit en brique, on a souvent recours à un contre-mur semblable, avec isolement. Dans certains cas, on a appliqué avec succès, sur la surface des murs qu'on voulait préserver, un lit de tuiles très-dures, bien enduites de bon ciment. Nous ajouterons que, pour arrêter l'humidité provenant du sol, les Anglais ont remplacé le plomb par un lit d'ardoise noyé dans une couche de mortier; mais il est permis de douter de l'efficacité de ce moyen.

Du reste, les fondations et les massifs en béton sont généralement adoptés en Angleterre, ainsi que l'application d'une feuille de plomb dans l'épaisseur des murs.

se trouvent aussi dans le même cas, et, si l'on ne prend pas des précautions particulières, leurs faces seront promptement détériorées par l'humidité constante que la terre leur communiquera : le mieux serait donc de les construire en meulière et bon mortier, ou bien, s'il ne pouvait en être ainsi, il conviendrait alors d'élever un contre-mur intérieur en meulière avec enduit, qui non-seulement préserverait le mur extérieur des effets de l'humidité, mais permettrait en même temps de combiner un système d'écoulement pour les eaux qui s'infiltrent dans les terres (1).

Quoique les principes que nous venons de poser au sujet des moyens à employer contre les effets de l'humidité soient applicables à tous les genres de construction en général, nous croyons devoir, pour satisfaire au programme proposé, dire quelques mots concernant les constructions rurales et industrielles.

Les constructions rurales se composent de bâtiments d'habitation et de bâtiments d'exploitation. On comprend que les premiers se trouvent à peu de chose près dans les conditions communes, et que les travaux à entreprendre contre l'humidité pourraient être analogues à ceux dont nous avons déjà parlé; cependant nous nous en occuperons plus loin.

Quant aux bâtiments d'exploitation, tels que buanderies, laiteries, etc., dans lesquels il existe un emploi abondant de l'eau, ils ne peuvent pas être, pour cela, considérés comme exposés à souffrir de l'humidité, et il sera facile, à l'aide de dallages ou d'enduits bien faits, et en ménageant avec soin l'écoulement des eaux, d'éviter les infiltrations, soit dans le sol, soit dans le pied et les parois des murs (2). Les autres bâtiments d'exploitation, comme écuries, vacheries et bergeries, sont exposés aux inconvénients résultant de la vapeur qui se dégage du corps des animaux et vient se condenser sur les parois des murailles et du plafond; cette vapeur est très-nuisible à la conser-

(1) Les célèbres jardins de l'isola Bella sur le lac Majeur sont en partie établis sur un sol factice qui a été surélevé au-dessus du niveau des eaux à l'aide de constructions; mais, dans ces constructions destinées à supporter des terres dans lesquelles croissent des arbres de haute futaie, on a eu soin de ménager des écoulements pour l'eau de la pluie, qui, sans cette précaution d'ailleurs parfaitement entendue, aurait promptement miné ces substructions dans lesquelles, en outre, on a su ménager une circulation facile.

(2) Dans tous les lieux où l'eau doit s'écouler sur le sol et où elle peut filtrer par les fissures qu'elle rencontrerait, il sera nécessaire d'apporter le plus grand soin dans l'établissement des dallages. On obtiendra un bon résultat en employant les enduits d'asphalte, qui permettent d'éviter les joints. Le problème d'un dallage sans joints est un des plus utiles que l'industrie ait résolus. Si l'on considère l'influence pernicieuse de notre climat sur les dallages extérieurs, composés de plusieurs pièces, et qu'on fixe son attention sur ces grandes surfaces d'asphalte, à l'aide desquelles le sol de la place Louis XV est en partie couvert, on ne pourra s'empêcher de reconnaître les avantages qu'on doit se promettre de l'application du bitume pour remplacer les dallages composés de morceaux plus ou moins grands assemblés avec le plus de soin. L'asphalte naturel et les produits bitumineux ne sauraient cependant être appliqués dans les localités qui réclament un certain luxe; et c'est pour y suppléer qu'on a essayé de plusieurs substances colorées et susceptibles de se prêter aux exigences de l'art. Tels sont les pavés à la vénitienne, les bitumes végétaux, et autres compositions qui ont pu être employées avec succès dans les intérieurs, mais qui, en général, ont mal réussi au dehors.

vation des bois, qui finissent par pourrir; les moyens à employer pour combattre son influence consistent dans un bon système de ventilation, établi de manière à ne pas nuire au régime hygiénique des animaux. De plus, il conviendra de laisser les solives des plafonds apparentes, plutôt que de les envelopper de plâtre; si l'on n'est pas arrêté par la dépense, on remplacera les planchers de bois par des planchers en fer et poterie.

Les habitations des paysans méritent une attention particulière; car, si l'économie la plus stricte doit présider à leur construction, la salubrité est pour elles une condition non moins essentielle; or, pour les garantir de l'humidité, nous recommanderons les moyens déjà mentionnés, savoir : obstacle interposé dans l'épaisseur des murs contre l'humidité du sol, enduit hydrofuge ou enveloppe avec isolement sur les parois exposées à la pluie, sauf le choix et le prix des matières premières, qui varieront selon les pays dans lesquels on aura à construire; mais, ces moyens étant dispendieux et d'une exécution difficile, nous pensons que c'est plutôt par la disposition de ces constructions et la manière de les bâtir qu'on parviendra à obtenir le résultat désiré. Ainsi nous conseillerons aux paysans de ne pas habiter les étages bas, d'abriter les façades de leurs demeures par des toits très-saillants, d'en paver le pourtour et de ménager des pentes pour les eaux, de choisir enfin une exposition convenable, d'occuper de préférence les pièces exposées à l'est, etc. Nous ne saurions mieux rendre l'idée que nous nous faisons d'une habitation rurale qu'en prenant pour exemple les chalets de la Suisse, dans lesquels les conditions que nous venons d'énumérer se trouvent très-bien remplies, et qui, par leur construction ingénieuse et pittoresque, méritent d'être pris pour modèles (1).

Parmi les constructions industrielles, celles qui n'ont à craindre que l'humidité du sol ou de l'atmosphère se trouvent dans les conditions ordinaires, et les préservatifs que nous avons indiqués leur sont applicables. Quant aux établissements qui, par l'usage auquel ils sont consacrés, sont exposés à une humidité provenant d'autres causes, nous pensons qu'il sera bien plus facile de les en préserver. Ainsi les papeteries, les lavoirs de laine, les teintureries, raffineries, etc., dans lesquels l'eau doit circuler et séjourner, seront aisément garantis de l'humidité accidentelle que le besoin d'eau pourrait occasionner; les moyens à employer seront réglés selon la disposition des bâtiments pour l'écoulement prompt et facile de l'eau, et le système de dallage à adopter consistera à éviter les fuites et les infiltrations. L'eau qu'on introduit volontairement dans les bâtiments n'est jamais à craindre, parce qu'on s'en rendra facilement maître; tandis que l'humidité inhérente au sol ainsi que celle de l'atmosphère ont une action constante qu'il ne faut pas négliger et contre laquelle il faut employer les moyens les plus efficaces.

(1) Ce qui fait surtout des chalets suisses des habitations très-saines, c'est que les étages supérieurs sont seuls réservés à l'habitation, et que le rez-de-chaussée est exclusivement consacré au service de l'exploitation; aussi, dans le cas où le surcroît de dépense s'opposerait à une semblable disposition, nous conseillerons d'y suppléer en laissant toujours entre le sol du rez-de-chaussée et le sol naturel un isolement avec circulation d'air, n'aurait-il que $0^m,30$ de haut.

Dans les établissements où l'emploi de la vapeur exposerait les constructions à des inconvénients d'un autre genre, on parviendra à les éviter par une ventilation bien entendue.

Nous terminerons nos observations sur les différentes chances d'humidité auxquelles les constructions peuvent être exposées en parlant de l'humidité qui se manifeste par la partie supérieure des bâtiments couverts en terrasse. Dans notre climat, la construction des terrasses exige le plus grand soin, et, comme on les établit généralement sur des planchers en bois, il importe que leur revêtement ne soit pas exposé à se fendre par le retrait ou la flexion des solives qui les supportent. Le plomb est incontestablement ce qu'il y a de mieux pour parer à cet inconvénient; mais, comme il doit avoir une certaine épaisseur, il entraîne à une assez forte dépense. Le zinc n'est applicable qu'aux terrasses sur lesquelles on ne marche pas. On a cherché à suppléer au plomb par des enduits imperméables; l'asphalte a été employé avec succès : seulement il faut que ces enduits n'éprouvent pas, par le froid, un retrait trop sensible et capable de produire des fissures, et qu'en même temps ils ne soient pas exposés à se ramollir par la chaleur au point de ne pouvoir y marcher, sans y laisser l'empreinte des pieds. Pour cela, avant d'appliquer l'enduit bitumineux, on établira une aire en carreaux de terre cuite, ainsi que cela a été fait avec succès aux trottoirs du pont des Saints-Pères, et l'on combinera, s'il est possible, un système d'isolement qui permette à l'air de circuler au-dessous du sol de la terrasse. On a reconnu aussi qu'en appliquant sur les enduits de bitume de la couleur blanche on diminuait les effets de la chaleur.

Il est encore une autre voie par laquelle l'humidité ou au moins les infiltrations de l'eau peuvent se produire dans les bâtiments et devenir très-nuisibles, c'est celle de tuyaux de descente mal disposés : il ne suffit pas, en effet, de recueillir les eaux des combles, il faut encore les conduire jusqu'au sol. Les tuyaux de descente employés à cet effet ne pouvant souvent pas être fixés contre les façades, on est obligé de les établir à l'intérieur des bâtiments : dans ce cas, on ne doit point les encastrer dans les murs; car il serait impossible de découvrir les infiltrations qui se produisent, et qui, pouvant devenir considérables dans les temps de gelée, causent de grands dommages auxquels il serait presque impossible alors de remédier. Nous pensons donc qu'en principe les tuyaux de descente doivent être apparents et accessibles, et que, lorsqu'on est contraint de les placer en dedans des bâtiments, la meilleure manière d'atteindre ce double but sera de les établir dans des espèces de grands vides en maçonnerie, ménagés dans la construction, comme des tuyaux de cheminée, et assez larges pour contenir un ou deux tuyaux de fonte ou de plomb et livrer passage à un homme, dans toute leur hauteur, à l'aide d'échelons scellés dans les murs (1).

Tel est le résultat de nos observations sur les inconvénients que peut occasionner

---

(1) On voit un exemple de ce système à la chapelle du nouvel hospice de Charenton. C'est aussi dans les constructions de cet hospice qu'on a peut-être, pour la première fois, eu le soin d'introduire une feuille de plomb sous tous les murs. On y a fait également un heureux emploi de l'asphalte.

l'humidité, et le produit des études que nous avons faites pour parvenir à les combattre. On nous reprochera peut-être de n'avoir pas assez précisé la nature des obstacles à opposer à l'humidité, en négligeant d'indiquer les substances qui doivent entrer dans la composition des enduits hydrofuges. Nous répondrons que cette question, toute spéciale, n'est pas de notre ressort, et que la Société d'encouragement semble l'avoir compris ainsi, en proposant pour cet objet un prix distinct. Quant aux faits pratiques reconnus par l'expérience, qui auraient peut-être dû accompagner cette instruction, il faudrait qu'ils pussent être basés sur une expérience de plusieurs années pour être de quelque valeur.

Ce sont donc surtout des principes généraux que nous avons voulu établir; quant à la manière dont l'humidité agit dans les constructions et aux moyens de la combattre, ces principes peuvent se résumer ainsi :

1° L'humidité étant un des plus grands fléaux que nos constructions aient à redouter, il faut la prévenir et l'arrêter avant qu'elle puisse atteindre les parties où elle deviendrait nuisible.

2° Les seuls obstacles réels à lui opposer sont le plomb, les enduits composés de corps gras, bitumineux ou résineux, et quelques mortiers préparés à cet effet (1).

3° L'isolement et la circulation de l'air sont les meilleurs moyens d'empêcher l'humidité de s'introduire dans un corps quelconque.

4° Lorsqu'on ne pourra pas garantir les constructions par les moyens ordinaires, il faudra employer les matériaux les moins hygrométriques et les éloigner le plus possible du sol.

5° Il y aura toujours avantage à prévenir les effets de l'humidité pendant la construction, car il sera très-difficile de la combattre et de la neutraliser quand elle se produira dans des bâtiments existants.

6° Avant de commencer une construction, il faudra étudier par quelles voies l'humidité pourrait s'y introduire, arrêter à l'avance la nature des obstacles qu'on a l'intention de lui opposer, puis déterminer les points où ces obstacles devront être placés, eu égard aux diverses conditions particulières à ces constructions.

Moyens de faire cesser les inconvénients de l'humidité ou de s'en préserver dans les constructions existantes.

Après avoir indiqué les moyens de prévenir les inconvénients de l'humidité, lors de la construction des bâtiments, il nous reste à nous occuper des moyens à employer pour les faire cesser et pour s'en garantir dans les constructions existantes.

---

(1) Nous sommes loin de vouloir déprécier les divers enduits hydrofuges qui, comme palliatifs, sont employés journellement avec plus ou moins de succès; mais on comprendra que nous nous soyons abstenu d'en recommander aucun de préférence aux autres, laissant à chacun le soin de discerner, par sa propre expérience, ceux qui peuvent être utilement adoptés dans tel ou tel cas donné.

Nous avons déjà fait ressortir l'insuffisance des enduits ou peintures hydrofuges pour atteindre le but qu'on se propose; nous examinerons s'il n'y aurait pas de moyens plus efficaces pour y parvenir.

Supposons que les murs du rez-de-chaussée d'un bâtiment soient envahis par l'humidité et que des efflorescences extérieures indiquent que l'intérieur de ces murs est salpêtré; loin de chercher à renfermer l'humidité dans le mur, il faudra non-seulement lui laisser la possibilité d'être absorbée par l'air ambiant, mais encore faire tous ses efforts pour en atténuer les causes. A cet effet, on établira des courants d'air, le long des murs, en contre-bas du sol, on fera des caves s'il n'y en a pas, on posera des revêtements extérieurs et intérieurs, on prendra enfin des précautions analogues à celles que nous avons déjà prescrites, lors de la construction des bâtiments, en tant qu'il sera possible de les mettre à exécution; mais, dans le cas où ces précautions ne pourraient être prises après coup, comme cela arrivera souvent, ou, si malgré cela, les effets de l'humidité continuent à se manifester, il faudra avoir recours à de nouveaux moyens que nous allons décrire.

Pour éviter que l'humidité existant dans un des murs d'un bâtiment, en se produisant à la surface intérieure de ce mur, pénètre dans les lieux habités, le meilleur parti à prendre est d'élever, en avant de ce mur, une cloison en briques dures posées de champ, reliée, de distance en distance, avec le mur même, mais de manière à laisser un intervalle de 2 ou 3 centimètres qui permette à l'air de circuler entre le mur et cette cloison, dont l'épaisseur sera celle d'une brique de $0^m,05$. Pour surcroît de précaution, les briques recevraient, sur leur paroi intérieure, une couche de bitume, surtout celles qui seraient en contact avec le mur, et la surface apparente de cette cloison serait recouverte d'un enduit de plâtre qui, étant bien sec, pourrait recevoir les tentures ou le papier qui, pour plus de précaution, pourraient être posés sur porte-tapisseries. Ce système offrirait toutes les garanties désirables, et on n'aurait plus rien à redouter de l'humidité, dont le corps du mur continuerait, il est vrai, à être pénétré, mais qui serait sensiblement diminuée par le courant d'air établi entre la cloison et la surface du mur (1). Pour plus d'économie, on pourrait appliquer sur le mur humide des montants et des traverses de bois, sur lesquels on clouerait des lattes qui recevraient ensuite un enduit, et formeraient ainsi une cloison très-mince

---

(1) C'est par une disposition analogue que les anciens assainissaient les pièces destinées aux bains; non-seulement ce genre de revêtement isolé les préservait de l'humidité et du froid, mais il leur permettait, en outre, de faire circuler la chaleur derrière les parois des salles, comme nous avons déjà vu qu'ils la faisaient circuler sous les dallages. Dans l'antiquité, on fabriquait des tuiles de terre cuite qui, par leurs dimensions et leur peu d'épaisseur, se prêtaient on ne peut mieux à ce genre de revêtement. On conçoit, en effet, que ces cloisons auront toujours l'inconvénient de diminuer l'étendue des pièces dans lesquelles elles seront pratiquées; il y aurait donc avantage à ce qu'elles fussent aussi minces que possible, et l'on y parviendrait en fabriquant des espèces de dalles spécialement destinées à cet usage; mais, en tout cas, la terre cuite est la matière qui nous paraît la plus propre à remplir le but qu'on se propose.

et isolée du mur; mais ces montants, se trouvant exposés à l'humidité du mur avec lequel ils seraient en contact, ne pourraient atteindre une longue durée ; il faudrait, dans ce cas, goudronner les bois, ne les appuyer contre le mur que de distance en distance, ou interposer du plomb du côté où ces montants seraient exposés à l'influence de l'humidité; de plus, une circulation d'air sera toujours nécessaire (1). (*Voy.* fig. 8, pl. 928.)

Le principe du revêtement isolé est de tous les moyens celui qu'on doit préférer, par les raisons déjà déduites; mais comme, dans certains cas, il faut éviter de diminuer la grandeur des pièces, par cette doublure qui aura au moins 7 à 8 centimètres y compris l'isolement, nous examinerons s'il n'y aurait pas quelque autre système à adopter.

Si le mur dont il s'agit sépare deux pièces, et qu'il soit nécessaire de se préserver de l'humidité de chaque côté de ce mur, on devra adopter le système de la cloison isolée; car, si l'on appliquait directement sur le mur, soit un enduit, soit une composition, ou un revêtement imperméable quelconque, l'humidité, ainsi emprisonnée, augmenterait et exercerait des ravages qui, pour n'être pas apparents, n'en seraient pas moins très-funestes. Si, au contraire, l'humidité ne se manifeste que dans une des deux pièces et qu'on parvienne à la neutraliser d'un seul côté, elle augmentera évidemment du côté opposé, mais sans être aussi nuisible que dans le premier cas, puisque du côté qu'on n'aura pas préservé elle pourra recevoir l'influence de l'air et être alternativement absorbée dans une certaine proportion. Nous pensons, dans ce cas, qu'on pourrait, à la rigueur, éviter l'isolement et appliquer directement sur une des parois de ce mur les enduits ou revêtements qu'on considérera comme les meilleurs préservatifs; nous devons dire, néanmoins, qu'il y en a peu qui conserveraient longtemps une adhérence complète avec un mur dans lequel l'humidité continuerait à exister, surtout sur les murs de pierre, qui se prêtent difficilement à l'application des enduits; c'est pourquoi nous préférons à un enduit appliqué une composition susceptible de pénétrer dans l'intérieur du mur, quelle que soit sa construction, telle que celle proposée par MM. *Thénard* et *d'Arcet*, qui nous semblent avoir résolu ce problème avec succès. Cet enduit pourra également être appliqué à l'intérieur d'un mur de face, pourvu qu'il soit dans une exposition favorable, car, l'une des parois recevant l'influence de l'air, l'humidité ne sera pas concentrée dans l'intérieur du mur.

Malgré les avantages incontestables qu'on peut, dans certains cas, se promettre de l'enduit *d'Arcet*, on pourrait, dans d'autres cas, employer avec succès un système de revêtement sans isolement composé de carreaux de faïence vernissés posés avec un bon

(1) Les lambris en menuiserie ne sont autre chose que des cloisons isolées analogues à celles que nous proposons, et il est bien constant qu'en lambrissant, en partie ou en totalité, si c'est nécessaire, une pièce dont les murs sont humides, on aura beaucoup fait pour se garantir de l'humidité; mais néanmoins on pourra encore en redouter les effets, si l'on n'a pas soin d'établir derrière ces lambris une circulation d'air capable d'en atténuer la cause première et d'assurer la conservation du bois, qui devra de plus être goudronné sur sa face postérieure.

mortier; mais, ce genre de revêtement n'étant pas applicable à toutes les pièces d'une habitation, nous pensons qu'il suffira de retourner les carreaux en plaçant l'émail du côté du mur. La face brute serait susceptible de recevoir un enduit quelconque, et par conséquent tel genre de décoration qu'on voudrait. Ce revêtement pourrait être aussi composé de carreaux ou de tuiles de Bourgogne bituminés. En rappelant ici ce que nous avons dit sur l'emploi des terres émaillées, nous pensons que, dans plusieurs circonstances, on peut les employer avec avantage. Déjà des bouchers et des charcutiers de Paris ont adopté ce genre de revêtement, qui recevrait une utile application dans certaines usines, dans les laboratoires, dans les cuisines, etc. On pourrait, à l'aide de revêtements de ce genre qui sont en usage dans plusieurs pays, se garantir de l'humidité et obtenir facilement une grande propreté, tout en en tirant parti comme décoration.

Un autre revêtement à appliquer sur les murs, et qui peut être considéré comme un bon palliatif, consiste dans des feuilles de plomb extrêmement minces, étendues sur toute la surface; nous n'hésitons pas à en recommander l'usage, pourvu que l'on ait soin de ne les appliquer que sur une seule face du mur; car, autrement, l'humidité préexistante dans le mur s'y trouverait hermétiquement renfermée. La seule difficulté que présente l'emploi des feuilles métalliques consiste dans le choix de la composition à employer pour les coller, afin qu'elle puisse sécher facilement et se fixer sur les enduits de différentes natures sur lesquels on peut avoir à les appliquer. Il est inutile de dire que, quand on voudra appliquer sur un mur soit l'enduit *d'Arcet*, soit un ciment ou une composition hydrofuge, ou même un revêtement posé sur mortier, il faudra dépouiller le mur humide de son enduit, le laisser sécher pendant quelque temps et refaire ensuite un nouvel enduit (1).

Résumant les moyens à l'aide desquels on pourra combattre avantageusement l'humidité dans les constructions existantes, nous recommanderons particulièrement

1° Le système de revêtement avec isolement et circulation d'air;

2° Pour les cas où les préservatifs pourraient, sans inconvénient, être appliqués directement sur le mur, l'enduit *d'Arcet* et les enduits de bitume, les feuilles métalliques, les carreaux émaillés ou bituminés.

Quant à l'humidité qui pénétrerait dans les bâtiments existants, par le sol même, il sera facile de s'en garantir par des moyens qui devront être les mêmes que ceux que nous avons déjà indiqués en traitant des précautions à prendre lors de la construction. Une aire générale d'asphalte étendue sur le sol sera toujours le moyen le plus simple et le plus sûr pour éviter l'humidité quand il s'agira d'un rez-de-chaussée sans cave au-dessous.

Il n'y a, suivant nous, aucun moyen d'éviter les dangers que présente l'habitation

---

(1) C'est ici le cas de remarquer que les enduits de mortier de sable et chaux hydraulique, lissés à la truelle, qui sont excellents pour résister à l'humidité, sont tout à fait impropres à recevoir la peinture à l'huile, qui ne peut y adhérer et se décompose.

de constructions trop récemment exécutées; pour hâter, dans ces constructions, l'évaporation de l'humidité, il faut avoir recours à la circulation d'un air vif ou chaud.

Insalubrité des rez-de-chaussée.

On a dernièrement (1841) inséré, dans quelques journaux, un article ainsi conçu :

« Des recherches statistiques opérées dans les hôpitaux de Paris ont constaté une « mortalité effrayante dans la classe des portiers qui, avec les habitants des rez-de-« chaussée, forment presque exclusivement la totalité des malades atteints de phthisie « et de rhumatismes aigus. Ces calculs, présentés à l'Académie de médecine, semblent « devoir provoquer, près du conseil de salubrité, quelques mesures hygiéniques rela-« tives à l'habitation des rez-de-chaussée. »

Les termes de cet article sont trop généraux pour pouvoir être discutés, et l'on ne doit adopter les faits qu'il avance qu'avec une extrême réserve; car il nous semble difficile d'arriver, par une semblable statistique, à établir une moyenne à peu près exacte, quand on pense à toutes les circonstances qui, en pareil cas, doivent être prises en considération, telles que l'exposition des lieux habités, les conditions de construction, d'aérage, de situation dans lesquelles ils se trouvent; l'âge des personnes qui les habitent, leur état de santé normal antérieurement à la situation accidentelle dans laquelle elles se trouvent, etc., etc. Néanmoins la question mérite d'être étudiée sérieusement, et nous essayerons sinon de l'entreprendre, au moins d'émettre quelques idées à ce sujet.

En général, à Paris, les rez-de-chaussée habités sont dans des conditions très-défavorables, quant à la salubrité; la plupart donnent sur des cours (les rez-de-chaussée sur les rues étant ordinairement occupés par les boutiques) où ils prennent le jour et l'air; ces cours, le plus souvent étroites et profondes, sont entourées de bâtiments élevés qui empêchent le soleil d'y pénétrer. Si l'on ajoute à cet inconvénient la nature des constructions dans lesquelles aucune précaution n'est prise contre l'humidité, on comprendra combien il peut être dangereux d'habiter des lieux semblables.

Mais un rez-de chaussée situé sur le derrière d'un hôtel, ou même d'une maison de moyenne importance, et élevé convenablement au-dessus du sol, à l'aide de vastes caves ou d'un étage souterrain, dont les pièces auront une hauteur convenable et seront ouvertes sur un jardin ou sur une vaste cour, au midi ou au levant, pourra toujours être habité sans danger. Ce serait donc à tort qu'on soutiendrait que tous les rez-de-chaussée sont insalubres. Les rez-de-chaussée ne sont dangereux à habiter que lorsqu'ils sont humides, privés d'air, de lumière et de soleil, et, à cet égard, les demeures des portiers sont dans les conditions les plus déplorables. Outre ces inconvénients, les portiers sont encore exposés à des courants d'air continuels, par la situation de leurs loges, généralement placées au pied des escaliers et sous les portes cochères. Par là on peut juger que d'autres causes que celle de l'humidité contribuent à l'insalubrité de certains rez-de-chaussée et particulièrement à celle des loges de portiers, et qu'en remédiant, dans une construction, aux inconvénients de l'humidité on n'aura pas tout fait pour la rendre saine et habitable (1).

A Paris, avec nos rues étroites, nos maisons d'une hauteur démesurée, nos cours humides et sombres, il est impossible que certains rez-de-chaussée puissent être habités sans inconvénient; et il serait préférable de les utiliser de toute autre manière. Quant aux demeures réservées aux portiers, elle sont souvent dans des conditions si pernicieuses, qu'il y a de la cruauté à forcer des hommes à vivre dans des lieux essentiellement inhabitables. Cette question nous semble donc mériter de fixer l'attention, et nous émettons le vœu qu'elle puisse être prise en grande considération par le conseil de salubrité.

Action nuisible de l'humidité sur les œuvres d'art.

Indépendamment des désastreux effets de l'humidité sur les constructions en général et dans les lieux habités, nous devons signaler ceux d'un autre genre qu'elle peut exercer sur les œuvres d'art placés à l'intérieur et à l'extérieur des édifices.

La peinture appliquée sur les monuments mêmes doit l'être dans les conditions de durée les plus rassurantes, pour remplir convenablement son but.

Les anciens nous ont laissé, à cet égard, des exemples que nous ne nous attachons pas assez à suivre. En examinant les peintures antiques encore existantes dans les ruines de Pompeia, qui, après être restées enfouies pendant quinze siècles, nous apparaissent encore aussi fraîches, aussi éclatantes que si elles venaient d'être terminées, il est impossible de ne pas proclamer l'excellence des moyens employés pour leur donner une aussi longue durée. Les Allemands ont fait, à ce sujet, des recherches très-minutieuses, et ils paraissent être parvenus à des solutions presque certaines, autant qu'il est permis d'en juger par quelques résultats satisfaisants obtenus à Munich.

Il est certain que, soit par la nature des matériaux employés à la construction, soit par la composition des mortiers et des enduits appliqués sur les murailles, soit enfin par la manière dont les couleurs étaient préparées et étendues sur les surfaces à décorer, il n'était sorte de précautions qu'on ne prît pour lutter contre les chances de destruction

(1) En Angleterre, dans les maisons bourgeoises, on est parvenu à rendre sains et habitables, non-seulement les rez-de-chaussée, mais aussi des étages situés en contre-bas du sol des rues. Ces étages sont préservés de l'humidité du sol par un isolement assez large qui favorise la circulation de l'air; de plus, la grande largeur des rues et le peu de hauteur des maisons permettent au soleil de pénétrer, même dans cette partie inférieure des habitations, où, d'ailleurs, on ne couche pas; et, comme l'exposition de leur façade varie, on a soin de réserver par derrière un espace assez vaste, planté ordinairement en jardin, sur lequel s'ouvrent les fenêtres de la face opposée à celle de la rue. Cet étage n'a donc aucun des inconvénients d'un étage souterrain, et il présente, d'ailleurs, l'avantage de permettre aux eaux ménagères de s'écouler directement dans les égouts, sans parcourir, comme à Paris, le sol de la voie publique : quant à l'humidité, toutes les précautions sont prises pour s'en garantir, et ces précautions, sur lesquelles nous avons pris des renseignements sur les lieux, sont tout à fait analogues à celles que nous avons réunies dans cette instruction. (*Voyez* fig. 9.)

qui auraient pu résulter des variations de l'atmosphère, dans un climat cependant plus favorable que beaucoup d'autres (1).

Le caractère de durée fut toujours celui que les hommes ont cherché à imprimer à leurs œuvres. Aussi, plus tard, voyons-nous les chrétiens remplacer, par des mosaïques composées de matières indestructibles, les procédés de la peinture des anciens. Enfin, quand la renaissance des arts eut rendu plus exigeant sur les moyens d'exécution, les Italiens employèrent la peinture à fresque, à laquelle nous devons les principaux chefs-d'œuvre de l'école florentine et de l'école romaine. L'usage qu'on a voulu en introduire en France, et qu'on s'est trop hâté de proscrire, par des motifs qui ont peut-être été avancés avec trop de précipitation, nous engage à donner quelques explications sur la manière dont les fresques se font en Italie et sur les causes qui en ont assuré le succès.

En Italie, on bâtit moitié en pierre et moitié en briques; les murs intérieurs et les voûtes sont ordinairement en briques; de sorte que, lorsqu'ils sont destinés à être décorés de peintures, ils sont plus propres à recevoir des enduits et se prêtent, par conséquent, bien mieux aux procédés de la fresque. En France, et à Paris particulièrement, où la pierre abonde, on construit les monuments tout en pierre, et c'est sur des murs pareils qu'on a voulu essayer de faire des peintures à fresque. Les principaux inconvénients d'une telle construction, pour ce genre de peinture, sont d'abord la difficulté d'appliquer un enduit sur un mur de pierre; puis la pierre est une matière spongieuse très-impressionnable aux influences atmosphériques et aux effets de l'humidité en général, si nuisible dans notre climat. Si l'on ajoute à ces inconvénients, contre lesquels on n'a peut-être pas assez essayé de lutter, la difficulté que présentent les procédés d'exécution, on s'expliquera pourquoi on a renoncé à la peinture à fresque; mais comme on ne pouvait renoncer à exécuter des peintures monumentales, quelques peintres ont adopté la peinture à la cire, comme ne présentant pas d'embus et permettant, tout en conservant le mat de la peinture à fresque, d'arriver à une richesse de tons supérieure. D'autres, fidèles à la peinture à l'huile, ou ne voulant pas accroître les difficultés matérielles de l'exécution, se sont contentés de peindre sur les murs préparés, à l'aide de l'enduit *d'Arcet*, comme ils auraient peint sur une toile. Ces divers systèmes ont été mis en pratique sur des murs de pierre, ce qui, selon nous, ne doit être nullement rassurant pour la durée de ces peintures, surtout lorsque ces murs sont exposés aux influences les plus nuisibles de l'atmosphère : car alors, quelles que soient les précautions prises à l'intérieur, l'humidité qui pénètre dans le mur, par le sol d'abord, et par les parois extérieures ensuite, finira par atteindre l'intérieur, à travers les pierres qui sont le plus souvent tendres, et, par conséquent, spongieuses. Nous ajouterons que, d'après la manière de construire à Paris, les joints des murs en pierre ont environ 1 centimètre d'épaisseur et sont en mortier ou en plâtre, de sorte qu'il est très-difficile qu'une préparation quelconque, appliquée sur le mur, agisse de la même manière sur les joints que

(1) On ne peut douter que le mode employé dans les peintures de Pompeia, qui n'étaient que de simples décorations, n'ait été le même pour les peintures historiques et monumentales dont parlent les anciens auteurs.

sur la pierre; cette préparation pénétrera différemment dans la pierre et dans le ciment ou le plâtre. L'air exercera, par la même raison, une influence toute différente sur les pierres et sur la matière dont les joints seront faits, et ces joints deviendront bientôt apparents (1). On peut en conclure qu'on ne saurait hésiter sur la manière de construire les murs destinés à recevoir des peintures, soit à fresque, soit à la cire, soit à l'huile. Ces murs doivent être construits ou en pierre de meulière, ou en briques, afin d'être susceptibles de bien recevoir les enduits et de pouvoir ainsi éviter l'inconvénient des joints. Lorsque la stabilité de la construction ou l'ordonnance extérieure exigera que tel mur soit en pierre, il sera facile de le revêtir intérieurement d'une doublure de briques; ce qui aurait le double avantage d'éviter les inconvénients auxquels sont sujets les murs de pierre, et de préserver la peinture de toute humidité, si l'on a soin surtout de laisser un isolement suffisant entre la construction de briques et celle de pierre (2).

Les réflexions qui précèdent nous ont été suggérées par la belle peinture de M. *Delaroche*, à l'école des beaux-arts, pour la durée de laquelle nous ne sommes pas sans inquiétude. Nous regrettons que, dans cette circonstance, on n'ait pas employé le moyen que nous avons indiqué plus haut de la doublure de briques, et qu'on ait ainsi livré à la pierre une œuvre aussi capitale; aussi nous craignons qu'elle n'ait beaucoup à redouter de l'influence pernicieuse de notre climat. Le mur sur lequel cette peinture a été exécutée est en pierre; il n'y a pas de caves sous le sol, et sa surface extérieure est exposée au couchant; dans de telles conditions, ce mur est sujet à s'imprégner d'humidité, tant par sa base que par ses parois extérieures exposées à la pluie. Cette humidité, en pénétrant forcément dans le mur, se propagera, et finira, dans un délai plus ou moins long, par atteindre la surface intérieure. L'enduit *d'Arcet*, appliqué à l'intérieur, parviendra-t-il complètement à l'arrêter? telle est la question; car la coupole du Panthéon, exécutée d'après les mêmes procédés, est dans des conditions toutes différentes, et ne saurait être prise pour exemple.

Si l'humidité exerce son action sur les peintures faites dans l'intérieur de nos monuments, cette action sera bien plus directe et plus nuisible sur les ornements de sculpture placés à l'extérieur, surtout quand ils sont en pierre; dans cette circonstance, l'enduit *Thénard* et *d'Arcet* sera d'un grand secours. Sa composition et la manière de

(1) Déjà on peut remarquer cet effet dans les peintures exécutées dans plusieurs de nos monuments. Ce que nous venons de dire à l'égard des murs est également applicable aux peintures sur voûtes en pierre, quant à la difficulté d'appliquer un enduit et à l'apparition des joints.

(2) Le *Jugement dernier*, qui vient d'être exécuté à Munich par M. Cornelius, a été peint à fresque sur un double mur de briques, isolé du mur extérieur auquel il n'est relié que de distance en distance, pour en assurer la solidité. La copie du *Jugement dernier* de Michel-Ange, exécutée par Sigalon, a été placée à l'école des beaux-arts avec les plus grandes précautions; cette copie, qui est sur toile, est entièrement isolée derrière, et deux étages de planchers la rendent accessible dans toute sa hauteur. Nous croyons donc qu'on s'est trop hâté de proscrire la peinture à fresque, et l'argument si souvent mis en avant, qu'elle ne peut résister dans notre climat, nous semble tout à fait sans fondement; rien ne serait plus facile de parvenir à exécuter des fresques tout aussi durables que celles d'Italie, pourvu qu'on se donnât la peine de prendre les précautions nécessaires.

l'employer sont trop connues pour qu'il soit nécessaire d'entrer dans de plus amples détails à cet égard. M. *Vivet*, entrepreneur de peinture, en a fait d'heureuses applications : s'occupant plus particulièrement de la peinture à la cire, il était, plus qu'aucun autre, à portée de se livrer au perfectionnement d'un procédé de ce genre ; les travaux déjà exécutés par lui pour préserver des ouvrages de sculpture en pierre des effets de l'humidité ont pleinement réussi : nous citerons entre autres les quatre groupes de l'arc de triomphe de l'Étoile, les huit statues assises de la place de la Concorde et les deux bustes qui décorent l'entrée de l'école des beaux-arts.

M. *Vivet*, après avoir appliqué à chaud l'enduit hydrofuge, le couvre de deux ou trois couches de peinture à la cire, de telle couleur qu'on désire, et à laquelle il donne l'apparence du grain de la pierre; la préparation hydrofuge peut également être appliquée avec avantage sur les monuments funèbres exécutés en matériaux susceptibles de se détériorer facilement, sur des parois de muraille, même extérieures, pourvu qu'elle prévienne l'envahissement de l'humidité et qu'elle ne la concentre pas.

Dans notre climat, le marbre même n'est pas exempt des atteintes de l'humidité; lorsqu'elle séjourne longtemps et que la poussière s'y attache, elle engendre des lichens qui finissent par noircir et former une croûte qui enlève au marbre sa transparence et à la sculpture son effet. On a cru pouvoir préserver le marbre de ces effets, en l'imprégnant d'une composition à l'aide de laquelle il devait rester pur et conserver sa couleur naturelle. Le premier essai de ce genre a été fait sur les sculptures de la fontaine de Grenelle ; l'autre, à notre connaissance, sur le piédestal de la statue de Louis XIV, de la place des Victoires. Non-seulement ces essais n'ont point réussi ; mais ils ont encrassé les marbres et en ont altéré la couleur au point de les ramener à un état pire que celui où ils se trouvaient après avoir été abandonnés à l'intempérie des saisons. Nous en concluons que, pour conserver le marbre, il est inutile d'employer des compositions artificielles ; que cette matière n'a rien à redouter de l'humidité, si ce n'est quelques lichens et des taches plus ou moins désagréables à la vue, et qu'il suffit d'épousseter, brosser et laver les monuments de marbre exposés à l'air tous les cinq ou six ans, si on veut leur rendre leur état primitif.

En terminant cette instruction, nous sommes loin de prétendre avoir résolu toutes les questions qui se rattachent à celle de l'humidité et de sa funeste influence. Toutefois, en passant en revue les faits principaux qui peuvent se produire, nous espérons avoir établi quelques principes généraux susceptibles de servir de base à des études plus complètes et plus approfondies, et que l'expérience seule pourra rendre concluantes.

EXPLICATION DES FIGURES DE LA PLANCHE.

La fig. 1 indique la manière la plus simple dont on pourrait établir le revêtement extérieur en dalles de pierre.

A, mur; B, feuille de plomb appliquée sur le lit supérieur de la dernière assise; C, plancher posé sur lambourdes et béton; D, lambris de menuiserie formant revêtement intérieur; E, revers en asphalte sur béton nécessaire pour protéger le pied du mur; F, dalles en pierre, avec isolement; G, ventouse destinée à introduire l'air dans le vide laissé derrière les dalles.

Fig. 2. Disposition d'une banquette saillante destinée à protéger le pied d'un monument, avec revêtement analogue à celui de la figure précédente.

A et B, feuilles de plomb; C, dallage posé sur béton; D, revêtement en marbre; E, dalles extérieures séparées du mur; F, banquette saillante au pied du mur; G, ventouse pour l'introduction de l'air dans l'intérieur de la banquette; H, conduit servant à introduire cet air dans les pièces du rez-de-chaussée, où il pourrait servir à alimenter les foyers.

Fig. 3. Dallage établi sur de petits murs en maçonnerie avec isolement.

Fig. 4. Dallage établi sur constructions en briques avec isolement.

Fig. 5. Coupe d'un étage souterrain dans lequel on voudrait éviter les inconvénients de l'humidité à l'aide d'un contre-mur en meulière avec enduit hydraulique.

A, mur souterrain; B, contre-mur en meulière avec enduit hydraulique; C, mur supérieur; D, fenêtres ou soupiraux; E, plancher.

Fig. 6. Revêtement de briques établi dans le même but. Dans l'un et l'autre cas, on placera des feuilles de plomb ou tout autre obstacle imperméable à deux hauteurs différentes F et G; H, revêtement en briques isolé du mur souterrain, avec enduit hydraulique.

Fig. 7. Coupe d'une habitation située sur la déclivité d'une colline. Pour éviter les inconvénients de l'humidité on propose de laisser un isolement notable A entre les bâtiments et le terre-plein, d'établir avec le plus grand soin un mode convenable pour l'écoulement des eaux par une rigole B, enfin de tout disposer pour faciliter le plus possible la circulation de l'air. A l'orangerie de Versailles, qui est adossée à un terre-plein, l'écoulement de l'eau provenant du sol supérieur a été établi avec le plus grand soin, afin de préserver le mur de soutenement, qui est à la fois le mur de l'orangerie, des inconvénients de l'humidité.

Fig. 8. Cloison de briques sur champ, formant revêtement avec isolement sur une face de mur humide. (*Voyez* plus haut, p. 29.)

Les figures 9 et 10 indiquent la disposition générale des plus simples maisons de Londres : on voit que le sol des rues est toujours exhaussé au-dessus du niveau du sol naturel, afin que l'étage inférieur consacré aux dépendances, cuisines, etc., ne soit pas précisément un étage souterrain et que les eaux ménagères puissent s'écouler directement dans les égouts. L'isolement qui existe entre les murs de face et la voie publique forme une espèce de fossé ou petite cour basse très-commode pour le service. Lorsque ce fossé est assez large, on y dispose un escalier extérieur qui permet de communiquer du dehors dans l'étage bas sans passer dans l'intérieur de la maison. La cave placée sous le trottoir sert à contenir le charbon de terre, qui peut y être introduit par un trou percé dans la voûte. (*Voyez* plus haut la note au bas de la page 33.)

A, égout de la ville établi au-dessous de la chaussée B ; C, cave creusée sous le trottoir D et dont la voûte est percée d'un trou E, par l'introduction du charbon ; F, fossé ou petite cour basse ; G, étage bas consacré au service ; H, sol d'un petit jardin ; I, conduite des eaux ménagères ; J, palier à mi-étage ; K, niveau du sol naturel.

SÉRIE DES PRIX APPROXIMATIFS

DES DIFFÉRENTS MOYENS PRÉSERVATIFS CONTRE L'HUMIDITÉ

INDIQUÉS DANS CE MÉMOIRE.

Le mètre superficiel ou cube.

Désignation			fr.	c.
Le mètre superficiel, revêtements en dalles de 0,05 d'épaisseur, à deux parements de sciages et posées avec isolement du mur et agrafes,	en	pierre de Château-Landon. . .	19 fr.	»
		liais. . . .	16	»
		roche.. . .	13	50
Le mètre linéaire de banquette en roche, avec fondation, d'après la figure 2, pl. 928,	vide,	chaux hydraulique. .	62	93
	plein,	*id.*	77	52
Cube de béton.		*id.*	21	»
Cube meulière en	fondation,	*id.*	21	50
	élévation,	*id.*	22	»
Cube moellon en	fondation,	*id.*	19	25
	élévation,	*id.*	19	75
Cube brique de Bourgogne (1),		*id.*	80	»
Superficiel. — Brique de Bourgogne de 0,055 d'épaisseur, avec deux enduits en plâtre	hourdé en	chaux grasse. . . .	5	90
		chaux hydraulique. .	6	15
		plâtre.	5	90
Différence en moins de la brique du pays.			0	90
Superficiel. — Enduit de fosse, chaux hydraulique.			5	60
Mètre superficiel. — Carreaux de faïence.			15	»
Mètre superficiel d'enduit ou rebouchage en bitume.			2	»
La brique modèle de Bourgogne, solidifiée par le bitume, vaut le mille,				
celle de 3 centimètres d'épaisseur, longueur 022, largeur 0,11.. . .			70	»
celle de 4 centimètres.			100	»
celle de 55 millimètres (2)..			120	»
Mètre superficiel de plomb de 0,00056 d'épaisseur.			3	40
— de bitume de 0,002 d'épaisseur.			1	50

(1) Le prix des briques émaillées n'a pu être indiqué dans cette série. Tous les renseignements que nous avons cherché à recueillir à cet égard ne nous ont fourni que des données trop vagues et qu'il est impossible de déterminer, notre industrie étant tout à fait étrangère à ce genre de fabrication.

(2) Si les briques, au lieu d'être solidifiées, n'étaient qu'enduites de bitume, il en résulterait une grande diminution dans les prix. Nous ajouterons que le mètre cube de mastic d'asphalte de Seyssel, pesant 2,260 kil., coûte, rendu à Paris, 17 fr. les 100 kil., ou 384 fr. 20 cent. le mètre cube; on emploie en moyenne 22 kil. de ce mastic pour bituminer une surface de 1 mètre carré à une épaisseur de 1 centimètre. Le goudron minéral nécessaire à la fusion dudit mastic est employé dans une proportion de 750 gr. par 100 kil. de mastic et coûte 45 fr. les 100 kil.; restent à ajouter les frais de combustible et la main-d'œuvre.

Mur en briques dites de pays et bitume sans encaissement (1).

Première expérience.

Pour un mètre cube.

Briques, 600 à 50 fr. le mille.	30	»
Bitume (mastic préparé comme celui qui sert à faire les dallages), 373 kil. à 11 fr. les 100 kil.	41	03
Brai pour faciliter la fonte du bitume, 21 kil. à 12 fr. les 100 kil. . . .	2	52
Combustible (bois) (2).	6	40
Main-d'œuvre. Une journée de maçon bitumier.	5	»
Main-d'œuvre. Une journée de garçon bitumier.	3	»
	87	95
Faux frais pour dépréciation des ustensiles, voiturages, etc.; un huitième de la main-d'œuvre.	1	»
	88	95
Bénéfice de l'entrepreneur, un sixième du tout.	14	82
Total.	103	77

Mur en briques ordinaires et bitume construit dans un encaissement (3).

Deuxième expérience.

Pour un mètre cube.

Briques, 600 à 50 fr. le mille.	30	»
Bitume, 498 kil. à 11 fr. les 100 kil.	54	78
Brai, 28 kil. à 12 fr. les 100 kil.	3	36
Combustible (bois).	8	»
Main-d'œuvre. Un jour et demi de maçon bitumier à 5 fr.	7	50
Main-d'œuvre. Trois journées de garçon bitumier à 3 fr.	9	»
	112	64

(1) Ces diverses expériences de constructions avec bitume ont été faites par M. *Valadon*, architecte, notamment dans des constructions exécutées rue des Acacias, aux Ternes, où nous les avons visitées. Les résultats nous ont paru très-satisfaisants.

(2) Le coke coûte 1/3 moins que le bois; mais on ne peut pas s'en procurer partout.

(3) L'encaissement dont il s'agit ici a pour but d'arriver à couvrir de bitume les parois des murs en contre-bas du sol.

D'autre part.	112	64
Faux frais, compris façon des encaissements, dépréciation des ustensiles, etc.; un quart de la main-d'œuvre.	4	12
	116	76
Bénéfice de l'entrepreneur, un sixième.	19	46
Total.	136	22

Mur en briques de Bourgogne et bitume construit sans encaissement.

Troisième expérience.

Pour un mètre cube.

Briques, 681 à 80 fr. le mille.	54	48
Bitume, 373 kil. à 11 fr. les 100 kil.	41	03
Brai, 21 kil. à 12 fr. les 100 kil.	2	52
Combustible (bois).	6	40
Main-d'œuvre. Un jour un dixième de maçon bitumier.	5	50
Main-d'œuvre. Un jour un dixième de garçon bitumier.	3	30
Faux frais, un huitième de la main-d'œuvre.	1	10
	114	33
Bénéfice de l'entrepreneur, un sixième du tout.	19	05
Total.	133	38

Mur en briques de Bourgogne et bitume construit dans un encaissement.

Quatrième expérience.

Pour un mètre cube.

Briques, 681 à 80 fr. le mille.	54	48
Bitume, 498 kil. à 11 fr. les 100 kil.	54	78
Brai, 23 kil. à 12 fr. les 100 kil.	3	36
Combustible (bois).	8	»
Main-d'œuvre. Un jour et demi de maçon bitumier.	7	50
Main-d'œuvre. Trois journées de garçon bitumier.	9	»
	137	12
Faux frais, un quart de la main-d'œuvre.	4	12
	141	24
Bénéfice de l'entrepreneur, un sixième du tout.	23	54
Total.	164	78

Mur en pierre meulière et bitume construit par encaissement.

Cinquième expérience.

Pour un mètre cube.

Pierre meulière, 1 mètre cube à 11 fr. 48 c., ci.	11	48
Bitume, 700 kil. à 11 fr. les 100 kil.	77	»
Brai, 30 kil. à 12 fr. les 100 kil.	3	60
Combustible (bois).	12	»
Main-d'œuvre. Un jour et demi de maçon bitumier.	7	50
Main-d'œuvre. Trois journées de garçon bitumier.	9	»
	120	58
Faux frais, un quart de la main-d'œuvre.	4	12
	124	70
Bénéfice de l'entrepreneur, un sixième du tout.	12	48
Total.	137	18

Dans les détails ci-dessus, tous les matériaux sont supposés de première qualité. Il y a du mastic, dit bitume, depuis 5 fr. jusqu'à 11 fr. les 100 kilog. Les prix des travaux de ce genre paraîtront sans doute très-élevés; mais il faut songer que ces travaux sont encore exceptionnels : ils devront évidemment diminuer de valeur quand ils auront été faits souvent; mais, dans ce moment, il serait difficile de les faire exécuter à moins de frais.

Enduit hydrofuge de M. d'Arcet.

D'après les détails consignés dans la brochure publiée par MM. *d'Arcet* et *Thenard* sur l'emploi des corps gras comme hydrofuges, on trouve que le mètre superficiel de ce genre d'enduit sans peinture revient à 80 centimes, non compris la main-d'œuvre. (Consulter cette brochure pour les autres renseignements.)

Enduit appliqué par M. Vivet.

Sur un mur uni et commode à chauffer, l'enduit hydrofuge seul, le mètre.	4 fr.	»
S'il faut élever les fourneaux à l'aide d'échafaudages.	5	»
Chaque couche de couleur à la cire superposée (toutes ordinaires).	0	50

Les tons fins seraient plus chers et varieraient selon leur nature.

Sur les sculptures, les prix sont beaucoup plus élevés; ainsi, par exemple, les enduits appliqués par M. *Vivet* sur les groupes de l'arc de l'Étoile et sur les huit figures de la place de la Concorde sont revenus, compris l'enduit chauffé et trois couches de peinture, à. . . 12 fr. le mètre.

Les frais d'échafaudage en plus.

L'enduit employé par M. *Vivet* est le même que celui de M. *d'Arcet;* seulement la quantité d'huile est beaucoup moindre, afin d'éviter que l'enduit ne noircisse aussi facilement. Ce sont la cire et la litharge qui forment la base de l'enduit à l'aide duquel on parvient à boucher les pores de la pierre.

Méthode suivie par M. Vivet *dans l'application de l'enduit hydrofuge, propre à recevoir des peintures.*

A l'intérieur des édifices, lorsqu'il s'agit de préparer des surfaces destinées à être décorées de peintures, il importe d'abord, si les joints des pierres ont été faits en mortier, de les rouvrir dans la profondeur de 2 centimètres environ, pour les refaire en plâtre; car la chaux qui entre dans les mortiers exercerait une influence funeste sur les corps gras. Cette opération terminée, il convient de frotter toute la surface du mur avec une brique à sec, de manière à bien en unir la paroi. Ensuite, après avoir chauffé au degré voulu et jamais assez pour décomposer le plâtre, on soumet le mur à l'enduit autant qu'il veut en prendre; les joints, nécessairement, en absorberont davantage que la pierre.

On étendra ensuite les couches de peinture comme à l'ordinaire, en ayant soin de tamponner la couleur avec la brosse plutôt que de l'étaler trop vivement.

On peut voir des travaux de ce genre exécutés par M. *Vivet* à Fontainebleau, à Notre-Dame de Lorette, dans les chapelles des angles, à l'église de la Madeleine, à l'école des beaux-arts, au château de Dampierre, etc.

Tableau des expériences sur les propriétés d'absorption de différentes natures de pierres.

NUMÉROS.	DÉSIGNATION des pierres.	POIDS à l'état ord. 1.	POIDS immersion à l'air. 2.	POIDS à l'état sec. 3.	POIDS immersion dans le vide. 4.	ABSORPTION EN POIDS, immersion à l'air, relative à l'état ordinaire. 5	ABSORPTION EN POIDS, immersion à l'air, relative à l'état sec. 6.	ABSORPTION EN POIDS, immers. dans le vide, relative à l'état ordinaire. 7.	ABSORPTION EN POIDS, immers. dans le vide, relative à l'état sec. 8.	ABSORPTION EN VOLUME en centièmes, immersion à l'air, état sec. 9.	ABSORPTION EN VOLUME en centièmes, immersion dans le vide, état sec. 10.	OBSERVATIONS.
1	Marbre.	1163gr.,35	1163gr.,35	1163gr.,34	1164gr.,70	»	0,01	1,35	1,36	»	0,0032	On a opéré sur un cube commun de 421cc,2.
2	Granit.	1101,55	»	1100,69	1102,20	»	»	0,65	2,51	»	0,0060	
3	Château-Landon.	1103,48	1110,24	1102,58	1111,54	6,76	7,66	8,06	8,96	0,02	0,02	
4	Liais.	1040,42	1063,94	1039,59	1078,50	23,52	24,35	38,08	38,91	0,06	0,09	
5	Chérence.	1058,70	1072,51	1055,51	1092,16	13,81	17,00	33,46	36,65.	0,04	0,09	
5 *bis*	Chérence.	1012,79	»	986,50	1053,21	»	»	40,42	66,71	»	0,158	
6	Tonnerre dur. .	1005,94	1040,43	1002,59	1054,06	34,49	37,84	48,12	51,47	0,09	0,12	
7	Roche.	990,26	1036,61	985,52	1050,99	46,35	51,09	60,73	65,47	0,12	0,15	
8	Tonnerre tendre.	796,75	906,28	795,80	931,06	109,53	110,48	134,31	135,26	0,26	0,32	
9	Vergelé.	762,18	867,60	759,01	900,80	105,42	107,99	138,62	141,19	0,26	0,33	
10	Saint-Leu. . . .	694,78	822,08	691,81	861,80	127,30	130,27	167,02	169,99	0,31	0,40	
	Plâtre gros. . . .	681,46	»	605,51	759,74	»	»	78,28	154,23	»	0,37	
	Plâtre fin.	686,03	»	693,51	758,88	»	»	72,35	165,37	»	0,39	

EXPÉRIENCES

SUR LES

PROPRIÉTÉS D'ABSORPTION DE DIFFÉRENTES NATURES DE PIERRES.

Nous avons pensé qu'à la suite de l'instruction sur les causes et les effets de l'humidité, ainsi que sur les moyens d'en faire cesser les inconvénients, il serait intéressant de joindre le résultat des expériences auxquelles nous avons soumis les différentes natures de pierres employées le plus communément dans les constructions de Paris, afin de reconnaître quelles sont leurs propriétés relatives d'absorption, expériences que nous croyons toutes nouvelles et propres à fournir des renseignements curieux et inconnus.

Nous avons donc réuni des échantillons de dix natures de pierres différentes, et nous les avons soumis aux épreuves suivantes, ainsi que deux échantillons de plâtre d'un volume égal.

1° Ces échantillons ont été d'abord pesés tels qu'ils se sont trouvés et ont produit les résultats inscrits dans la première colonne du tableau (*poids à l'état ordinaire*).

2° Ils ont été plongés dans une cuve pleine d'eau, et au bout de deux jours on a pris leur nouveau poids inscrit dans la deuxième colonne (*poids immersion à l'air*).

3° Placés dans le vide avec de l'acide sulfurique, on a reconnu qu'au bout de cinq jours l'eau n'était pas enlevée complétement : il a fallu douze jours; le vide était maintenu à 12 millimètres pour obtenir un état de sécheresse complète, donnant les poids inscrits dans la troisième colonne (*poids à l'état sec*).

La fig. 11 représente le vase qui a servi à cette expérience. *a*, récipient dans lequel on a opéré le vide; *b*, échantillons de pierres posées sur une grille en fer *c*; *d*, espace occupé par l'acide sulfurique. Le tuyau qu'on voit au-dessous de l'appareil communique avec la pompe pneumatique.

4° Les échantillons ont été ensuite déposés dans un vase de verre, fig. 12, pl. 928; le vide a été maintenu pendant tout le temps qu'a duré l'arrivée de l'eau, qu'on a laissée pendant vingt-deux heures sur les pierres. Les poids, ayant été pris, ont donné les résultats inscrits dans la quatrième colonne (*poids immersion dans le vide*).

b, échantillons de pierres immergées dans l'eau qui remplit une partie du récipient *e*; *f*, tube de verre maintenu par un bouchon; *g*, lame de zinc reposant sur trois bouchons *h*; tuyau de plomb plongeant dans l'eau du vase *i*.

A l'aide de ces divers résultats, on a pu établir des rapports de poids comparés à l'état ordinaire et à l'état sec desdits échantillons consignés dans les colonnes 5,

6, 7 et 8; puis, finalement, des rapports entre l'absorption et le volume sur lequel nous avons opéré, tels qu'ils sont inscrits dans les colonnes 9 et 10, qui permettent de trouver facilement un rapport exact pour chaque nature de pierre. Ainsi, prenant, par exemple, le marbre, qui, dans nos expériences, a été reconnu absorber 0,0032 de son volume, on voit qu'un mètre cube de marbre contenant 1,000 litres absorbera au moins 3 litres, et ainsi des autres.

Pour ce dernier rapport, nous n'avons donné que le résultat comparé à l'état sec, le seul qui puisse être véritablement considéré comme rigoureux.

Le plâtre étant une matière employée très-abondamment à Paris, nous avons cru devoir en joindre deux échantillons à nos expériences. L'un est le plâtre tel qu'on l'emploie le plus généralement, celui que les ouvriers appellent *au sas*, et l'autre est du plâtre passé au tamis de soie, en usage pour les moulures, les plafonds, etc.

Les expériences sur le plâtre pourraient s'étendre beaucoup plus, surtout si l'on voulait étudier les propriétés résultant des divers degrés de cuisson qu'on lui ferait subir et des substances qui y seraient mélangées.

Il est reconnu par l'expérience, ainsi que nous l'avons nous-même avancé dans notre mémoire, que la pierre de Chérence est extrêmement perméable : pour n'en citer qu'une preuve, on peut voir à l'édifice du quai d'Orsay, par l'usage qu'on en a fait, les effets qui se sont produits. Les corniches de l'ordre du rez-de-chaussée et du premier étage ayant beaucoup de saillie, et ces corniches étant en pierre tendre, on a voulu les protéger contre les effets de la pluie en les recouvrant de dalles de pierre dure, d'une épaisseur moyenne de $0^{m},015$, et taillées en pente comme dans la fig. 13, pl. 928. Ces dalles *k* ont été faites en pierre de Chérence, qui est reconnue parfaitement propre à résister à toutes les chances de destruction et n'a rien à redouter de l'humidité. Une telle disposition était excellente en principe, et le choix de la pierre paraissait très-rassurant, mais l'expérience de quatre ou cinq ans a fait reconnaître que l'eau de la pluie passait très-facilement à travers ces dalles, qu'elle parvenait dans la partie de corniche en pierre tendre *l*, qu'on avait voulu abriter. Ainsi, au lieu d'avoir atteint le but qu'on s'était proposé, on a créé un état de choses très-regrettable et auquel il faudra tôt ou tard remédier par quelque autre moyen (1). Sur un des côtés de la grande cour, la corniche ayant été couverte en pierre de liais, et cela depuis bien plus longtemps, cette corniche est demeurée dans un état de sécheresse parfaite.

Ayant été frappé de la petite proportion dans laquelle l'échantillon de pierre de Chérence qui avait servi à notre première expérience avait absorbé, instruit que nous étions des faits que nous venons de citer, nous avons voulu opérer sur un nouvel échantillon d'une autre nature, et, en effet, nous sommes parvenu à un chiffre d'absorption plus élevé. Nous devons donc dire, et ceci le prouve, que, par suite de la variété qui peut exister dans plusieurs pierres de la même espèce, de la même car-

(1) Ce serait ici le cas d'appliquer sur ces dalles l'enduit de MM. *Thénard* et *d'Arcet*.

rière, du même banc, les rapports des propriétés d'absorption relatées dans le tableau ci-joint ne sauraient être considérés comme absolus, mais seulement comme indicatifs de notions généralement peu répandues et qui peuvent être d'un enseignement utile.

Il est important aussi de remarquer, d'après ce que nous avons dit de la pierre de Chérence et d'après les résultats obtenus quant à la proportion dans laquelle elle possède les propriétés d'absorption, que la perméabilité et la propriété d'absorption sont deux choses très-différentes et entièrement distinctes ; qu'une pierre peut être extrêmement perméable et absorber très-peu. Si les pierres de filtre absorbaient beaucoup, elles cesseraient d'être perméables.

Nous avions eu l'intention de soumettre aux mêmes expériences des briques, des carreaux de terre cuite et des tuiles ; mais la trop grande variété qui existe entre ces différents matériaux, eu égard à leur composition, à leur plus ou moins de cuisson, etc., nous a obligé d'y renoncer.

Nous avons dû aussi renoncer à opérer sur la pierre de meulière, par suite de sa conformation irrégulière, qui ne permet pas de calculer exactement l'absorption dont elle est susceptible.

Il serait avantageux de se livrer à des expériences analogues, sur les différentes espèces de mortiers ou ciments réputés hydrofuges, avant d'en recommander l'usage.

Imprimerie de Mme Ve BOUCHARD-HUZARD, rue de l'Éperon, 7.

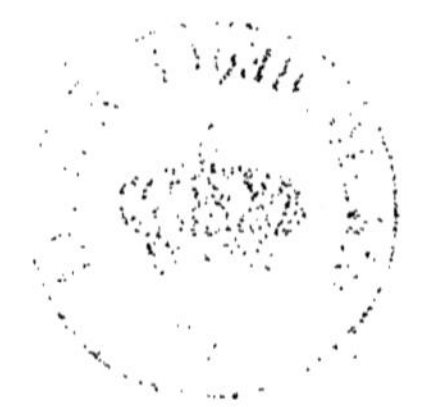

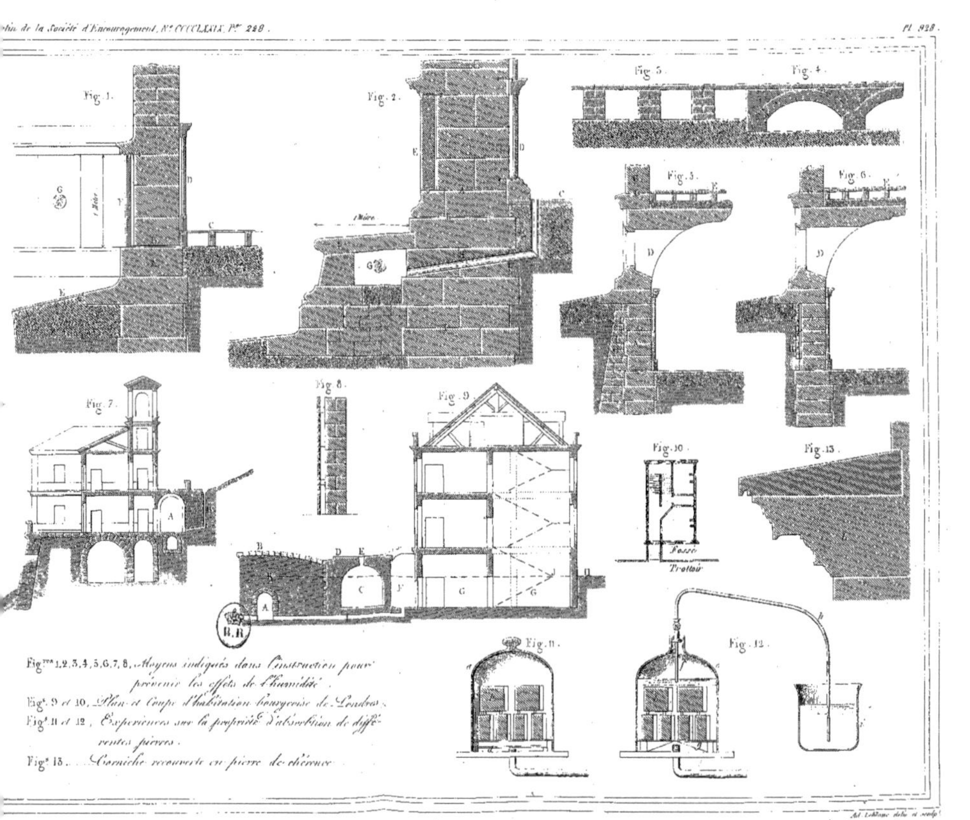

…STRUCTION SUR LES MOYENS DE PRÉVENIR OU DE FAIRE CESSER LES EFFETS DE L'HUMIDITÉ DANS LES CONSTRUCTIONS, PAR M.r LÉON VAUDOYER.

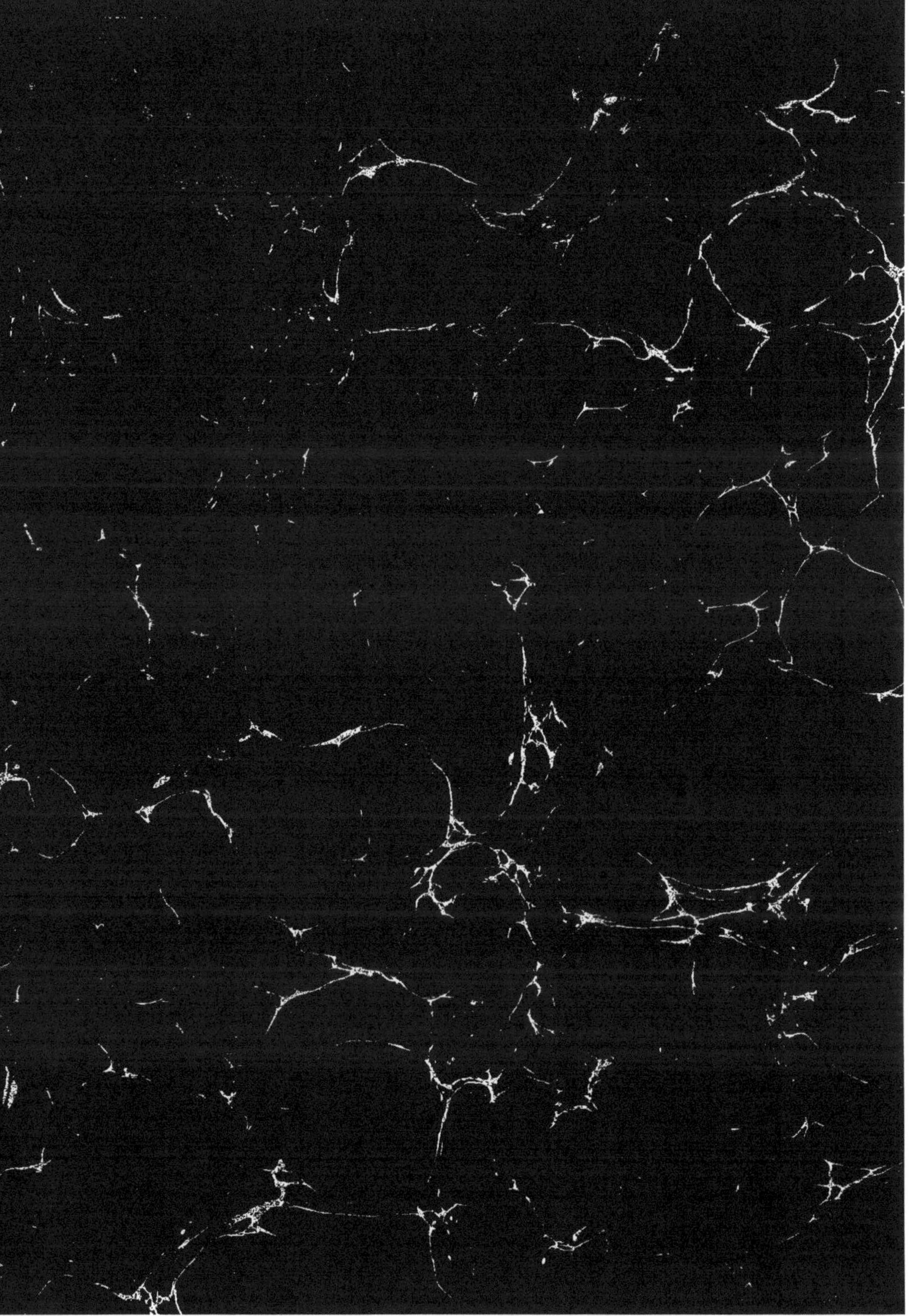

www.ingramcontent.com/pod-product-compliance
Ingram Content Group UK Ltd.
Pitfield, Milton Keynes, MK11 3LW, UK
UKHW012258240726
13966UKWH00004B/1459

9 782012 475601